M. Cihan Aydın

Baraj Dolusavaklarında Havalandırma

M. Cihan Aydın

Baraj Dolusavaklarında Havalandırma

Türkiye Alim Kitapları

Impressum / Künye
Bibliografische Information der Deutschen Nationalbibliothek: Die Deutsche Nationalbibliothek verzeichnet diese Publikation in der Deutschen Nationalbibliografie; detaillierte bibliografische Daten sind im Internet über http://dnb.d-nb.de abrufbar.

Deutsche Nationalbibliothek tarafından yayınlanan bibliyografik bilgiler: Deutsche Nationalbibliothek, bu yayını Deutsche Nationalbibliografie'de listeler; detaylı bibliyografik bilgi İnternet'te http://dnb.d-nb.de sitesinde mevcuttur.

Coverbild / Kitap kapağı resmi: www.ingimage.com

Verlag / Yayıncı:
Türkiye Alim Kitapları
ist ein Imprint der / yayınevinin bir ticari markasıdır
OmniScriptum GmbH & Co. KG
Bahnhofstraße 28, 66111 Saarbrücken, Deutschland / Almanya
Email / E-posta: info@turkiye-alim-kitaplary.com

Herstellung: siehe letzte Seite /
Basım yeri: son sayfaya bakın
ISBN: 978-3-639-67154-4

Zugl. / Approved by: Elazığ, Fırat Üniversitesi, 2005

İçindekiler **Sayfa**

Simgeler Listesi

A : Hava bacasının kontrol alanı(m^2)
a_p : İkinci akışkan fazının ivmesi
a, b, c, d : Deneysel sabitler
a_0, a_1 : Denklem katsayıları
A_a : Hava giriş enkesit alanı(m^2)
A_D : Havalandırıcı oluğunun enkesit alanı(m^2)
a_s : Ses hızı
A_{SD} : Baca giriş alanı(m^2)
A_w : Dolusavak şut kanalı akımının enkesit alanını (m^2)
B : Şut kanalı genişliği (m)
c : Deneysel bir katsayı
C : Hava konsantrasyonu
c_1, c_2 : Havalandırıcı ve şut geometrisine bağlı katsayılar
$C_{n\varepsilon}$, : Deneysel sabitler
C_D : Hava sağlama bacasının debi katsayısı
C_o : Ortalama hava konsantrasyonudur
C_μ : Türbülans yoğunluğunu hesaplamada kullanılan bir sabit
$\bar{c}$: Baca geometrisine bağlı bir katsayı
d : Denklem (3.31)'de tanımlanacak karakteristik derinlik (m)
D : Alttan alışlı havalandırıcılarda havalandırıcı delik çapı (m)
D_a : İki havalandırıcı arasındaki mesafe(m)
d_p : Parçacık çapıdır(m)
E : Euler Sayısı
e : Gözlem ile uydurulan model eğrisi arasındaki hata veya atıklar
E_{min}, : β=0 için Euler sayısı
f : Darcy-Weisbach sürtünme faktörü
Fr : Froude sayısı
g : Yerçekimi ivmesi (m/s^2)
G_b : Batmazlık nedeniyle türbülans üretimini
G_k : Ortalama hız gradiyenti için türbülans kinetik enerjisi
h : Tabana dik yaklaşan akım derinliği(m)
h_o : Saptırıcı sonundaki su derinliği(m)
K : Deneysel sabit
k : Türbülans kinetik enerjisi (m^2/s^2)
K_n, : Havalandırıcı ve şut geometrisine bağlı deneysel katsayılar
K_s : Boyutsuz pürüzlülük yüksekliği
k_s : Yüzey pürüzlülüğü(m)
L : Altan alışlı havalandırıcılarda havalandırıcı delik aralığı (m)
L_j : Boşluk jet uzunluğunu(m)
L_r : Rampa (saptırıcı) uzunluğu (m)
L_x : Saptırıcı sonundan itibaren uzaklık(m)
L_δ : Sınır tabakası gelişimi uzunluğu (m)
m : Polinom derecesi veya bağımsız değişken sayısı

M_t : Türbülans Mach sayısı
m_v : İkinci fazın kütlesi (Buhar kütlesi)
n : Akışkan veya faz sayısı, veya veri çifti sayısı
n_1 : Deneysel bir üst
n_b : Birim hacimdeki kabarcık sayısı
n_s : İkinci fazın hacim oranı gradiyentiyle tanımlanan yüzey normali
$\hat{n}_\omega$: Katı cidara normal birim vektör
$\hat{n}$: Yüzeye normal birim vektör
P : Akımdaki bazı referans noktalardaki mutlak basınç (N/m^2)
P_1, P_2 : Arayüzeyin her iki tarafında kalan akışkan basınçları (N/m^2)
P_{atm} : Atmosfer basıncı (N/m^2)
P_N : Boyutsuz basınç sayısı
Pr_t : Enerji için Prandtl sayısı
P_v : Buhar basıncı(N/m^2)
q_a : Birim hava debisi (m^3/s/m)
Q_a : Havalandırıcıdan sağlanan havanın debisi (m^3/s)
$Q_a(x)$: x eksenine göre hava bacasının hava ihtiyaç debisi(m^3/s)
Q_a^{alt} : Jetin alt napından giren hava debisi (m^3/s)
$Q_a^{deaerat.}$: Akımdan çıkan hava miktarıdır(m^3/s)
q_a^L : Alt ve üst nap arasında kalan birim hava debisi(m^3/s/m)
Q_a^{max} : Jetin sonunda oluşmuş hava giriş debisi(m^3/s)
q_a^U : Üst naptan giren havanın birim debisi(m^3/s/m)
$Q_a^{üst}$: Jetin üst napından giren hava debisi(m^3/s)
Q_{TA} : Toplam hava debisi(m^3/s)
q_w : Birim su debisi (m^3/s/m)
Q_w : Suyun debisi (m^3/s)
$(Q_a)_0$: Saptırıcının(rampa) sonundaki başlangıç serbest yüzey havalandırması(m^3/s)
R : Kabarcık yarıçapı
r : Korelasyon katsayısı
r_e : Şut boykesit profilinin eğrilik yarıçapı(m)
Re : Reynolds sayısı
R_L : Limit Reynolds sayısı
S : Ortalama gerilme oranının tensörü
SEF : Ölçek etkisi faktörü
S_r : Atıkların karelerinin toplamı
S_t : (y) ortalama etrafındaki karelerinin tüm toplamı
$S_{y/x}$: Tahminin standart sapması veya standart hata
$S_{\varepsilon k}$: Kaynak terimi
t : Zaman (s)
t_r : Rampa yüksekliği (m)
T_r : Rölatif rampa (saptırıcı) yüksekliği
t_s : Eşik yüksekliği (m)
T_s : Rölatif eşik yüksekliği

Tu : Türbülans yoğunluğu
$\hat{t}_{\omega}$: Katı cidara teğetsel birim vektör
u : Akışkanın hızı (m/s)
U : Ortalama akım hızı (m/s)
U_0 : Kavitasyon bölgesine yakın referans hız (m/s)
U_a : Ortalama hava giriş hızını (m/s)
$U_{a(max)}$: Maksimum hava giriş hızı (m/s)
u_{Dk} : Sürükleme hızları (m/s)
u_i : Hız vektörleri
u_m : Karışımın ortalama hızı (m/s)
u_r : Hava kabarcıklarının yükselme hızı (m/s)
U_w : Saptırıcıdan önceki ortalama su hızını (m/s)
$(U_w)_0$: Saptırıcı sonundaki ortalama su hızı(m/s)
V_D : Su jeti altındaki boşlukta akıma dik ilerleyen hava hızı(m/s)
We : Weber sayısı
x : Şut kanalı tabanına paralel değişen eksen uzunluğu(m)
x_i : Bağımsız değişken serisi
x_i : Yön vektörleri
$\bar{x}$: x_i serisinin ortalaması
y : Akıma dik değişen derinlik (m)
Y_{90}^{L} : Alt nap %90 hava konsantrasyonu karakteristik derinliği (m)
Y_{90}^{L} : Üst nap %90 hava konsantrasyonu karakteristik derinliği (m)
Y_{Cmin} : Min. hava konsantrasyonu derinliği (m)
y_i : Bağımlı değişken serisi
Y_M : Genişleme yayılımı terimini(dilatation dissipation)
$\bar{y}$: y_i serisinin ortalaması
z : Şut genişliğince boyuna eksen
z_i : Regresyon analizi için belirlenmiş fonksiyonlar
α : Şut kanalı taban eğimi
β : Rölatif hava giriş oranı veya katsayısı (Rölatif hava debisi)
β_f : Fluent çözümleriyle elde edilen hava giriş oranı
β_m : Model deneylerinden elde dilen hava giriş oranı
β_p : Prototip hava giriş oranı
γ : Suyun birim hacim ağırlığı (N/m^3)
δ : Sınır tabakası kalınlığı(m)
ΔB : Pürüzlülük fonksiyonu
ΔP : Boşluk alt basıncı(N/m^2)
$\Delta P(x)$: x eksenine göre altbasınçlar(N/m^2)
ΔP_C : Kenar bacalar boyunca basınç kaybı(N/m^2)
ε ve c : Havalandırıcı ve şut kanalı geometrilerine bağlı katsayılar
ε : Türbülans yayılım oranı (m^2/s^3)
ε_2 : İkincil fazın hacim oranını gösterir.
ε_k : k akışkanının veya fazının hacim oranını
ε_l : Sıvı fazın hacim oranı

ε_v : Buhar fazının hacim oranı
θ : Saptırıcı(rampa) açısını
θ_i : Su jetinin tabana çarpma açısı
θ_ω : Cidarla yüzey teğeti arasındaki ikinci faz için temas açısı
$\overline{\theta}$: Sıçratma açısı
κ : Yüzey eğriliği
λ : Modelin ölçeği
λ_j : Boyutsuz jet uzunluğu
μ : Akışkanın viskozitesi (Ns/m^2)
μ_k : *k* akışkanının viskozitesi (Ns/m^2)
μ_m : Karışımın viskozitesi (Ns/m^2)
μ_t : Türbülans viskozitesini
μ_w : Suyun viskozitesi (Ns/m^2)
v : Suyun kinematik viskozitesidir(m^2/s)
ξ ve ε : Geometriye bağlı katsayılardır
ξ_{tot} : Hava sağlama sistemindeki yük kaybı katsayısı
ρ : Akışkanın yoğunluğu (kg/m^3)
ρ_a : Havanın yoğunluğu (kg/m^3)
ρ_l : Sıvı akışkan yoğunluğu (kg/m^3)
ρ_m : Karışımın yoğunluğunu (kg/m^3)
ρ_v : Buharın yoğunluğu (kg/m^3)
ρ_w : Suyun yoğunluğu(kg/m^3)
σ : Kavitasyon sayısı veya indeksi
σ_k : Türbülans kinetik enerjisi (k) için Prandtl sayısı
σ_s : Yüzey gerilmesidir (N/m)
σ_ε : Yayılım (ε) için türbülans Prandtl sayısını gösterir.
τ_{pq} : Relaksiyon zamanı
φ', φ'' : Deneysel katsayılar
Φ', Φ'' : Deneysel katsayılar
ψ^U : Jetin yayılma açısı
∇ : Gradiyent ve diverjans operatörü

1. Giriş

Barajlar çeşitli amaçlarla inşa edilirler. Hangi amaç ile inşa edilirse edilsin barajların temel işlevi akarsuların taşımış olduğu su miktarını depolamaktır. Ancak iklim şartlarının ve buna bağlı olarak da yağış ve akış durumlarının rasgele özelliği yüzünden akarsuların akışlarını her zaman kontrol altına almak mümkün değildir. Bu yüzden barajlar üzerinde bazı emniyet yapılarının inşa edilmesi gereği duyulmuştur. Bu emniyet yapılarının en önemlilerinden biri de dolusavaklardır. Dolusavakların projelendirilmesi ve işletilmesi ayrı bir mühendislik problemi oluşturur. Baraj şekline, amacına, büyüklüğüne, aktarılacak debi miktarına göre dolusavaklar değişiklik gösterirler. Dolusavakların bir özelliği de her zaman işletilmemesi ve ancak ihtiyaç duyulduğunda çalıştırılmasıdır.

Dolusavaklar üzerindeki akımlar genellikle serbest yüzeyli ve çok büyük hızdadır. Özellikle uzun şut kanallarına sahip dolusavakların üzerindeki akımın hidroliği yüzünden bazı önemli mühendislik problemleri oluşmaktadır. Bu problemlerin en önemlilerinden biri de kavitasyon hasarı ve bunu önleme yollarının belirlenmesidir. Dolusavakların çok büyük akım hızlarında, yüzeyler üzerindeki düzensizlikler ve pürüzlerin neden olduğu küçük boşluklarda basınç oldukça düşer. Buradaki basınçlar suyun buhar basıncının altına düştüğünde su buhar kabarcıkları haline gelir. Buhar kabarcıkları akım doğrultusunda ilerlerken daha yüksek bir basınç bölgesiyle karşılaştığı anda ani bir faz değişimi meydana gelir. Yani buhar kabarcıkları tekrar sıvı hale geçer. Bu ani faz değişimi sırasında gürültülü bir patlama meydana gelir ve beton yüzeyde tahribat oluşur. Tahrip olan beton yüzeyde daha fazla oyuk ve düzensizlikler olacağından, hasarın boyutu zamanla büyüyerek dolusavak kanalları işletilemez hale gelebilmektedir.

Hidrolik yapılarda ve hidrolik makinelerdeki kavitasyon olayının önemli etkileri uzun yıllardan beri bilinmektedir. Kavitasyon hasarıyla ilgili ilk ciddi çaba, 1935'te Madden Barajı (Panama) üzerindeki hasarın rapor edilmesiyle başlamıştır [1]. Daha sonraki yıllarda kavitasyonla ilgili birçok hasar rapor edilmiştir. Son zamanlarda yapılan hidrolik yapıların, daha yüksek su yükleri altında ve daha büyük debilerle işletilmesi nedeniyle ilk zamanlara göre kavitasyon hasarlarında artışlar olmuştur. 1945 yılında ASCE'nin bir sempozyumunda hidrolik yapılar üzerindeki kavitasyon hasarından kısaca bahsedilmiştir. Havalandırıcıların ilk uygulanması Grand Coulee Barajı dipsavak kanalındaki akım probleminde gerçekleştirilmiştir (1959-60). Dolusavaklar için bu konudaki diğer ilk uygulamalar; Tayland'daki Sirikit ve Birleşmiş Devletlerdeki Yellowtail Tünel Dolusavakları ve Sovyetler Birliğindeki 100 m yüksekliğindeki beton ağırlık barajının dolusavağında gerçekleştirilmiştir (1968-69). Aynı zamanda Birleşmiş Devletlerdeki Palisades ve Navajo gibi projelerin dipsavaklarında kavitasyondan korunmak için havalandırıcılar kullanılmıştır.

1977-78'de İran'daki Karun dolusavağındaki büyük hasar, dipsavak işletmesi ve yüksek hızlı dolusavak kanallarındaki havalandırıcı ihtiyacının gerekliliği, teknik dünyanın dikkatini çekmiştir. Brezilya'daki Foz do Areia ve Emborcacao, Venezuela'daki Guri ve Pakistan'daki Terbela 4. tünel dipsavakları gibi geniş dolusavaklarda yapılan başarılı deneyler, kavitasyon hasarını önlemede havalandırıcı aygıtlarının güvenirliliğini önemli ölçüde desteklemiştir.

Arizona'daki Colorado Nehri üzerinde bulunan Glen Canyon Baraj dolusavağı Mayıs 1983'te 906 m^3/s ile işletilmiş ve ciddi kavitasyon hasarları meydana gelmiştir [1]. Glen Canyon tünel dolusavağındaki testler, kavitasyon önleyici hava girişinin etkilerinin yeni bir delili olmuştur [2]. Montana'da Kutenya Nehri üzerindeki beton ağırlıklı Libby Barajının, her biri 566 m^3/s kapasitesinde 3 adet tünel dolusavağında, 12 000 saatlik işletme sonunda ciddi kavitasyon hasarları meydana gelmiştir[1]. Türkiye'de Fırat nehri başlangıç noktasında bulunan Keban Barajı üzerindeki, maksimum 17 000 m^3/s savaklama kapasitesine sahip üç adet dolusavak, ilk olarak 1976 yılında su seviyesi 840.5 m iken her kanaldan 1000 m^3/s'lik debiyle çalıştırılmıştır. Daha sonra farklı yıllarda 800-1200 m^3/s debiler arasında sık sık çalıştırılmıştır. Havalandırıcılar inşa edilinceye kadar toplam $62x10^9$ m^3 su savaklanmıştır. Dolusavakların her çalıştırılmasında önemli kavitasyon hasarları gözlenmiştir. Bu hasarların en ciddileri, şut kanalı üzerindeki inşaat derzlerinin mansaplarında ve sıçratma eşiği profilinin mansabında olmuştur. [1, 3].

Dolusavaklardaki kavitasyonun başlangıcı ve kavitasyon hasarını önleme yollarıyla ilgili literatürde birçok çalışma vardır. Kavitasyon hasarlarının akım hızının 12-15 m/s değerleri arasında başlayabileceği, 30-40 m/s gibi daha büyük akım hızlarında ise dolusavak yüzeyini kavitasyon hasarından korumak için havalandırıcıların kullanılması gerektiği belirtilir. Chanson [4], farklı dayanımlardaki beton yüzeylerde yürüttüğü deneylerle, kavitasyon başlangıcı ile ilgili detaylar sunmuştur. Russel ve Sheehan [5], kavitasyon hasarını önlemek için gerekli hava konsantrasyonunu belirlemeye çalışmışlardır. Havalandırıcı performansını ölçmek için Pinto ve diğ. [6] boyutsuz hava giriş oranı ($\beta = q_a/q_w$) ile ilgili ilk yaklaşımı sunmuşlardır. Dolusavak yüzeyinde gelişen sınır tabakası ve serbest yüzey havalandırması Wood ve diğ. [7] tarafından çalışılmıştır. Pinto ve Neidert [8] hava giriş oranının bağlı olduğu bazı büyüklüklerle değişimini incelemişlerdir. Volkart ve Rutschmann [9] tarafından birçok havalandırıcı sistem örneği sunulmuştur. Falvey ve Ervine [10] tarafından yüksek hızlı su jetinin hava giriş karakteristikleri üzerinde durulmuştur. Tan [11], Low [12], Wood [13] ve Chanson [14] tarafından aynı model kullanılarak havalandırıcıların performansları üzerinde çalışmalar yapılmıştır. Chanson'dan [4] aktarıldığına göre; Vischer ve diğerleri tarafından da farklı tipteki havalandırıcıların özellikleri incelenmiştir. Dolusavak havalandırıcılarının performansının daha iyi anlaşılabilmesi ve hava giriş miktarını belirlenmesi için Chanson [4] bazı teorik ve deneysel çalışmalar yürütmüştür. Havalandırıcı yeri ve aralıklarını belirlemek amacıyla Chanson [15], Clyde Barajı dolusavak modeli üzerinde deneyler yürütmüştür. Akım parametreleri ve havalandırıcı geometrisi gibi tüm parametrelerin direkt olarak hava girişi üzerindeki etkilerinin dikkate alındığı "*Direkt yaklaşım*" ve hava girişinin dolaylı olarak, jet uzunluğuna bağlı incelendiği "*Endirekt yaklaşım*" olmak üzere Rutschmann ve Hager [16] tarafından iki yaklaşım sunulmuştur. Prototip dataları üzerinde havalandırıcı ölçümleriyle ilgili en detaylı çalışmalardan biri Pinto [17] tarafından sunulmuştur. Bu çalışmasında, Foz do Areia, Amaluza, Emborcacao ve Colbun Barajı Dolusavakları ve Terbela Tünel Dolusavağı havalandırıcı ölçümleri mevcuttur [17]. Volkart ve Rutschmann [18] tarafından, dolusavak şut kanalları üzerinde kavitasyon hasarı oluşması, hasar tipleri ve bunları önleyebilecek havalandırıcı tipleri hakkında bilgi verilmiştir. Wood [19], dolusavaklar üzerindeki akımın serbest yüzey havalandırması üzerinde durmuştur. Havalandırıcılar üzerinde yapılmış birçok çalışma Kells ve Smith [1] tarafından özetlenerek bir araya getirilmiş ve bu konuda ortaya konulmuş önemli kriterlere yer verilmiştir. Dolusavaklar üzerindeki kavitasyon hasarını tespit etmek için Lee ve Hoopes [20] tarafından bir Fuzzy Matematiksel Model geliştirilmiştir. Nie [21], yapay olarak pürüzlendirilmiş yüzeylerle kavitasyon hasarını önleme konusunda çalışmıştır. Son yıllarda, Kökpınar ve Göğüş [22] tarafından, havalandırıcı tasarımında kullanılabilecek bazı bağıntı ve kriterlerin belirlenmesi amacıyla fiziksel modeller üzerinde deneysel çalışmalar yürütülmüştür.

Dolusavak havalandırıcılarıyla ilgili çalışmaların çoğu fiziksel model deneyleriyle yapılmaktadır. Ancak fiziksel model deneylerinin sonuçlarını etkileyen birçok olumsuzluğunun varlığı da bilinmektedir. Bu olumsuzluklardan belki de en önemlisi ölçek etkileridir. 1984'de Batı Almanya Esslingen'de, ölçek etkileri üzerinde yapılan sempozyumda açık kanal havalandırması ile ilgili birçok çalışma sunulmuştur [16]. Ölçek etkilerini belirlemek amacıyla farklı ölçekli modeller Volkart ve Rutscmann [9] tarafından çalışılmış ve model ve prototip sonuçları karşılaştırılmıştır. Kökpınar ve Göğüş [22], model datalarını bazı prototip datalarıyla karşılaştırarak ölçek etkilerini düzeltecek bazı bağıntılar elde etmişlerdir. Deneysel çalışmaların aksine sayısal (CFD) modellerde 1:1 ölçeklerle çalışıldığından ölçek etkileri beklenmeyecektir. Ancak, sayısal modellerin de olayı ne kadar doğru açıklayabileceği araştırılıp eksikleri tespit edilmelidir. Foz do Areia Baraj dolusavağı 1 nolu havalandırıcının sayısal modeli üzerinde çalışılmış ve sayısal analiz sonuçları prototip ve bazı ampirik bağıntılardan elde edilen sonuçlarla karşılaştırılmıştır [23].

Günümüzde, havalandırıcıları da içeren çok fazlı ve serbest yüzeyli akımlar için sayısal yöntemlerin geliştirilmesine rağmen, dolusavak havalandırıcıları gibi hidrolik uygulamalar üzerinde henüz yeterli ve güvenilir sayısal model çalışması yoktur. Bu kitabın amaçlarından biri de, özellikle önemli ölçek etkileri içeren fiziksel deney modelleri ile sayısal (CFD) modellerin etkinliğinin karşılaştırılmasıdır. *Fluent*[1] gibi bir yazılımla yapılan sayısal modellerin en az fiziksel modeller kadar güvenilir olabileceği ve hatta fiziksel modellere karşı bazı üstünlükleri tartışılmıştır. Böylece, havalandırıcılar gibi hidrolik problemlerde sayısal model (CFD) kullanımının yaygınlaştırılması hedeflenmiştir.

Batık havalandırıcılarda su jeti alt napı tabana yapışır ve bu durum akıma hava girişini engeller. Bu konuda bazı araştırmacılar yorum getirmiş ancak önlenmesi konusunda önemli bir çalışma yapılmamıştır. Batık havalandırıcı durumu Pinto ve diğ. [6], Chanson'a [24] ve Rutschmann ve Hager [16] tarafından tanımlanmıştır. Batık bir havalandırıcı düşük Froude sayılarında bile kavitasyon riski oluşturabileceğinden, havalandırıcılar tasarlandığı zaman boşluk alt basınçlarına özel ilgi gösterilmesi gerektiği çeşitli araştırmacılar tarafından belirtilmiştir [1, 25, 26, 27]. Havalandırıcılar tamamen batık hale gelmese bile, geniş dolusavak şut kanallarında klasik havalandırıcılar şut genişliği boyunca yeterli ve üniform bir hava karışımı

---

[1] Bu kitapta Doktora Tez çalışması kapsamında Fırat Üniversitesine lisanlanan *Fluent*.inc v.5.3 kullanılmıştır.

sağlamayabilir. İyi tasarlanmış bir havalandırıcı, batık olmamalı ve tüm dolusavak genişliği boyunca üniform bir hava karışımı sağlamalıdır [18].

Bu kitapta hedeflenen üç ana tema özetle şöyledir:

- Dolusavak havalandırıcılarıyla ilgili literatürdeki mevcut olan önemli bilgileri biraraya getirmek,
- Son yıllarda önem kazanan CFD (Hesaplamalı Akışkanlar Dinamiği) modellerinin hidrolik uygulamalarda kullanım ve doğruluğunu test etmek ve fiziksel model deneyleriyle kıyaslamak,
- CFD kullanarak *Alttan Alışlı Havalandırıcı* diye adlandırılan dolusavak havalandırıcı tipinin tasarım kriterlerini belirlemektir.

2. Baraj Dolusavaklarında Kavitasyon

Bu bölümde literatürde yer alan kavitasyon olayı, hasarı ve öneleme yollarıyla ilgili detaylı bilgi verilmiştir

2.1. Kavitasyon Hasarı

Yüksek hızlı akımlarda akımın kısmi bölgelerindeki basınçlar, cidar düzensizlikleri gibi nedenlerle çok fazla düşerek sıvının buhar basıncı altına inebilir. Bu durumda akışkan sıvı fazdan buhar fazına geçer. Bu olay buharlaşma kavitasyonu olarak bilinmektedir. Oluşan buhar ve gaz parçacıkları, hızlı akan suyun içinde görülebilir büyüklükte boşluklar oluşturabilir. Yüksek hızlı akımlar altındaki hidrolik yapılarda basınç azalması, genelde yüzey düzensizliklerinin neden olduğu lokal hızlardaki değişimlerle alakalıdır. Lokal hızın ortalamasıyla orantılı olarak basınç azalır ve kritik bir değere ulaşabilir. Bu değerlerde buhar ve/veya gaz parçacıkları kararsız olur. Pratik amaçlar için, kavitasyon başlangıcı olarak akışkanın buhar basıncı alınabilmektedir.

Buhar kabarcıkları düşük basınç bölgesinden, daha yüksek basınç içine hareket ederken çarpışırlar. Kabarcıkların ani çarpışması, yoğun basınç dalgalanmaları üretir. Bu durum yüksek bir gürültüyle birlikte kavitasyon hasarına neden olmaktadır. Akımın içine daldırılan buhar kabarcıkları, oluşan büyük buhar boşluğunun mansabındaki durma noktası civarında daha yüksek basınç bölgesiyle karşılaşır ve yoğunlaşarak tekrar sıvı faza geçiş yapar. Hasar, bu bölgede daha fazla olur. Şut kanalları üzerinde kavitasyona neden olan düzensizliklerden bazıları Şekil 2.1'de verilmiştir [2]. Yıllarca süren araştırma ve incelemelerden sonra kavitasyon hasarıyla ilgili aşağıdaki sonuçlara varılmıştır [20]:

- İşletim politikaları ve inşaat teknikleri farklı olduğundan aynı tasarım şartlarında hiçbir yapının hasarı aynı olmamaktadır.
- Model çalışmalarındaki ölçek etkileri ve prototip ölçümlerindeki hatalar fark edilmemekte ve tasarımda gözönüne alınamamaktadır.
- Kavitasyon ve kavitasyon hasarına neden olan düzensizliklerin geometrisi ve yerini tahmin etmek zordur.
- Kavitasyon hasarı birçok faktöre bağlıdır, bunlar; akımın kavitasyon indeksi, akım hızı, yüzey malzemesinin direnci, işletim süresi gibi faktörlerdir.
- Kavitasyon başlangıç indeksini bulmak için dataların çoğu labaratuar deneylerinden elde edilir, bununla birlikte bazı tecrübe ve prototip gözlemlerinden de elde edilebilir.
- Bir dolusavak üzerindeki hasar, boşluk kabarcıkları çarpışması ve parçacık taşınımı, hız erozyonu, yıkıntı aşınması ve donma etkisinin bir kombinezonudur.

Dolusavaklar üzerinde kavitasyona sebep olan faktörler aşağıdaki gibi sıralandırılmıştır [3]:

- Beton yüzeyler üzerindeki farklı düzensizliklerin varlığı,

- Akım yönünde veya karşısında kanal tabanındaki ani süreksizlikler veya eşikler,
- Ani eğim değişiklikleri,
- Akımın alt napına uydurulmamış keskin eğriler ve tam teğet olmayan eğri yüzeyler,
- Yüksek hidrolik hızlar,
- İnşaat hatalarından meydana gelen yüzeydeki diğer kusurlar.

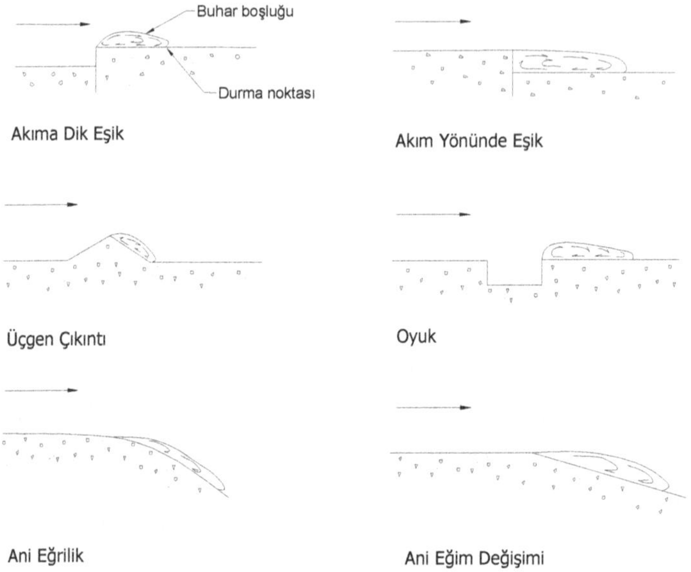

Şekil 2.1 Kavitasyona neden olan bazı düzensizlikler [2]

2.2. Kavitasyon Hasarını Önleme Yolları

Kavitasyon hasarını önlemek veya azaltmak için aşağıdaki yöntemlerin kullanılabileceği önerilmiştir [1, 27, 21]:

- Kavitasyon olayının oluşma riskini azaltmak,
- Yüzey malzemesinin kavitasyon direncini arttırmak,
- İlk iki yöntemi birlikte uygulamak,
- Kavitasyon kabarcıklarının katı cidardan uzakta çarpışmasına yönlendirmek,
- Beton yüzeyi yapay olarak pürüzlendirmek,
- Akımı havalandırmak.

Kavitasyon hasarını önlemenin ilk akla gelen şekli, akımın temas ettiği katı cidar üzerindeki düzensizlikleri mümkün olduğu kadar azaltarak, akımın katı cidardan ayrılması önlemektir. Düzensizlikler ve pürüzler ihmal edilebilir derecede azaltılıp, oldukça düzgün ve cilalı bir yüzey elde ederek kavitasyon riski azaltılabilir. Özellikle dolusavak gibi büyük hidrolik yapılar inşa edilirken kaliteli işçilik ve malzeme ile dolusavak yüzeyi düzgün şekilde inşa edilmeli ve kalıp izleri, derz birleşimlerinden doğan düzensizliklere izin verilmemesi gerktiği belirtilmektedir. Ancak tamamen düzgün ve pürüzsüz bir yüzey oluşturmak mümkün değildir. Kavitasyon olayına engel olmanın diğer bir şekli ise akım hızlarını düşürmek veya işletme basınçlarını yüksek bir değerde tutmaktır. Akım hızlarını düşürmek için dolusavak şut kanallarının eğimini düşürmek veya genişliğini arttırmak gerekir. Bu durum, maliyeti arttıracağı gibi barajın yerleşeceği topografya ile de sınırlı olacağından çoğu zaman pratik kabul edilmez. Açık dolusavak kanallarındaki işletme basınçları direkt olarak akım derinlikleriyle alakalıdır. Bu nedenle, dolusavak kanalı eğiminin düşürülmesi aynı zamanda akım derinliğini ve dolayısıyla da işletme basınçlarını arttıracaktır [1].

Kavitasyon hasarından korunmak için kavitasyona dirençli malzemelerin hidrolik yapılarda kullanımı, daha çok risk altındaki küçük alanlar için önerilir. Özellikle dipsavak kapaklarının mansabındaki kısmi alanlarda kullanılabilir. Böyle bir uygulama, Glen Canyon Barajı dipsavak işletmesinin kapak kesitinde kullanılmıştır [1]. Bu tekniğin dolusavaklar gibi büyük yapılarda uygulanması oldukça pahalıdır. Bununla beraber, geniş alanlar üzerinde betonun kavitasyon direncini arttırmak için beton içine çelik lif karışımları, özel epoksi harcı ve polimerize karışımlar kullanılabileceği önerilmiştir [1]. Ancak, epoksi tabakasının kalınlığına ve düzgünlüğüne dikkat edilmesi gerektiği, aksi taktirde kendi kendine kavitasyon üretebileceği uyarısı yapılmıştır [1]. Bu yöntem özellikle kavitasyon riskinin sık meydana gelmeyeceği veya uzun süre devam etmeyeceği yapılar üzerinde kullanılması tavsiye edilmiştir [28].

Multijet giriş vanaları veya ani genişleyen bir kesit kullanarak kullanılarak, kavitasyon kabarcıklarının katı cidardan uzaktaki akışkan kütlesi içinde çarpışması sağlanabilir. Bu şekilde de katı yüzey kavitasyon hasarından korunabildiği belirtilmiştir [1]. Bazı uygulamalar için boşluk çarpışmasının yerini kontrol etme teknikleri başarı sağlasa da, genel olarak çok geniş koruma gerektiren dolusavak tasarımında uygulanmayacağı belirtilir [1].

Son yıllarda, şut kanalı yüzeyi yapay olarak pürüzlendirilmek suretiyle dolusavak şut kanalları üzerinde meydana gelen muhtemel kavitasyonun önlenebileceği belirtilmiştir. Literatürde yapılan deneyler göstermiştir ki, yapay olarak pürüzlendirilmiş bir yüzey, düzensizliklerin mansabındaki basınç düşmelerini ve dolayısıyla muhtemel kavitasyonu azaltır. Şut tabanı üzerinde düzensizlikler kaçınılmaz ise önündeki pürüzlülüğün arttırılması, düzensizliğin sebep olabileceği kavitasyon riskini azaltacaktır. Kavitasyon riskinin azaltılması bu bakımdan yüzey pürüzlülüklerinin yüksekliğine ve aralığına bağlıdır. Pürüzlülükler, düzensizlik limitlerini de önemli ölçüde büyültür. Örneğin, işletme yüksekliğinin yaklaşık 100 m olması durumunda, pürüzlendirilmemiş yüzeyler için düzensizliklerin yükseklik limiti 2~3 mm iken, kanal tabanı uygun olarak pürüzlendirildiğinde düzensizlik limiti 10~20 mm'ye kadar çıkabilir [21].

Tüm bu önlemlerin yanında, dolusavak yüzeyini kavitasyon hasarından korumak için kullanılan en yaygın yöntem, havalandırıcılar kullanarak akımı havalandırmaktır.

2.3. Kavitasyon Riski

Yüksek düşülü barajlardaki dolusavak tasarımcılarının sorunlarından biri, muhtemel kavitasyona karşı havalandırma ihtiyacının olup olmayacağıdır. Akım içindeki 3 mm düşey eşik tipli bir düzensizlik olması durumunda 11 m/s gibi düşük hızlarda bile kavitasyonun meydana gelebileceği ve akımdaki büyük bir girinti düzensizlikleri için kritik hızın 32 m/s olacağı belirtilmektedir [29]. Hızların 35 m/s'yi aşması durumunda dolusavak yüzeyi çok düzgün ve iyi inşa edilmiş olsa bile kavitasyon sorununa kesinlikle önlem alınması gerektiği bildirilmiştir [28]. Genelde akım hızının 30 m/s'yi geçtiği durumlarda kavitasyon olacağı kabul edilir [30]. Chanson [15], akım hızının 12~15 m/s hızlarda kavitasyon hasarının olabileceğini ifade etmiştir. 20~30 m/s hızlarda ise kavitasyondan kaçınmak için yüzey iyileştirmesinin ekonomik olamadığı ve havalandırmaya ihtiyaç duyulacağı belirtilmektedir [4, 15, 24, 27]. Vischer [31], kavitasyon hasarını önlemek için kötü pürüzlendirilmiş beton yüzeylerde akım hızının 25 m/s'yi aşması durumunda önlem alınması gerektiğini vurgulamıştır. Daha iyi cilalanmış yüzeyler için 35 m/s hızlara kadar çıkılabilir. Akım hızı 30 m/s'yi aştığında %20 hava girişine ihtiyaç duyulduğu ifade edilmiştir. Volkart ve Rutschmann'a [18] göre, düşey eğriliği olmayan iyi bir beton yüzeyli dolusavakta 29 m/s'yi geçen akım hızlarında kavitasyon olabilir, ancak kavitasyon için sınır değer olarak 22~26 m/s aralığındaki hızların alınması gerekir. Pinto [2], akım hızının en az 30 m/s olması veya kavitasyon indeksinin 0.25'in altına düşmesi durumunda havalandırma ihtiyacının olacağını vurgulamıştır. İşletme yüksekliğinin 50-60 m'yi aşması durumunda kavitasyon için özel önlemler alınması gerektiği ifade edilir [32].

Bunlarla birlikte kesin limitler üzerinde ısrarlı olmanın anlamsız olduğu ve bir kural olarak havalandırıcı kullanımının beton yüzeydeki tam bir cilalama işleminden daha pratik ve ekonomik olacağı belirtilmektedir [2].

Potansiyel kavitasyon başlangıcını belirlemek için kavitasyon sayısı (veya indeksi) aşağıdaki denklemle ifade edilir.

$$\sigma = \frac{(P - P_v)}{\rho U_0^2 / 2} \tag{2.1}$$

Burada; σ: Kavitasyon sayısı veya indeksi, P: Akımdaki bazı referans noktalardaki mutlak basınç (N/m^2), P_v: Suyun mutlak buhar basıncı (N/m^2), ρ: Sıvının (suyun) yoğunluğu (kg/m^3), U_0: Kavitasyon bölgesine yakın referans hız (m/s)'dır. P_v değeri, atmosfer basıncı ve sıcaklığın bir fonksiyonudur. 100°C için P_v= 10 mss = P_0, 90°C için P_v= 6.5 mss, ve 30°C için P_v= 0.5 mss'dir. Genelde $P=P_v$ olduğu zaman normal su sıcaklığı için kavitasyonun başladığı varsayılmasına rağmen süspansiyon içindeki gaz ve/veya parçacıkların çözünmesi kavitasyonun daha yüksek basınçta olmasına neden olabileceği söylenmektedir. Bu durumda mühendislik tasarımlarında 7 mss civarındaki vakum basınçlarının altındaki basınçlardan sakınılması gerektiği bilinir. Bununla birlikte, türbülanslı akımlarda ortalama basınç tehlike sınırının oldukça üzerinde olabilir, fakat dalgalanmalar nedeniyle sınır altına düşen basınçlar yüzünden kavitasyon meydana gelebilir. Bu durumda kavitasyon riskini belirlemek için türbülans basınç dalgalanmalarını analiz etmek gerekmektedir [28].

Alışılmış olarak referans hız, türbülans sınır tabakasının dışındaki dağılmamış akım bölgesinde oluşan hız olarak alınabilir. Yüzey üzerindeki düzensizlikler nedeniyle kavitasyonun başlaması durumunda U_0, Oskolkov ve Semenkov [32] tarafından pürüzlülüklerin üst seviyesindeki ortalama lokal hız olarak tanımlanmıştır. Falvey [33], referans basıncı aşağıdaki (2.2) denklemiyle şekilde tanımlanabileceği aktarılmıştır [1].

$$\frac{P_0}{\gamma} = h.\cos\alpha \qquad (2.2)$$

Burada; P_0/γ: Kavitasyon civarındaki (şut kanalı tabanı civarı) piyezometrik basınç yüksekliği (m), γ : Suyun birim hacim ağırlığı (N/m^3), h : Kanal tabanına dik havalandırılmamış akım derinliği (m), α : Şut kanalı eğim açısıdır. Şut kanallarının konkav veya konveks eğriler olması durumunda ilgili referans basınç yüksekliği aşağıdaki şekilde ifade edilir [1]:

$$\frac{P_0}{\gamma} = h.\cos\alpha \mp \left(\frac{U^2 h}{g.r_e}\right) \qquad (2.3)$$

Burada; U: Ortalama akım hızı (m/s), g: Yerçekimi ivmesi (m/s^2), r_e: Şut boykesit profilinin eğrilik yarıçapı (m). Bu denklemde konkav eğri için '+', konveks eğri için ise '-' kullanılır. Dolayısıyla mutlak basınçlar dikkate alındığında ($P = P_{atm} + P_0$) kavitasyon indeksinin aşağıdaki gibi de hesaplanabileceği gösterilmiştir.

$$\sigma = \frac{\frac{P_{atm}}{\gamma} - \frac{P_v}{\gamma} + h\cos\alpha \mp \frac{U^2 h}{gr}}{\frac{U^2}{2g}} \qquad (2.4)$$

Kavitasyonu belirlemek için, σ değeri, kritik veya başlangıç kavitasyon indeksi olan σ_i değeri ile karşılaştırılabilir. Bir grup araştırmacı $\sigma > \sigma_i$ için kavitasyon hasarının olmayacağını ifade etmektedirler. Tablo 2.1'de sadece kavitasyon indeksi bakımından dolusavak şut kanalları üzerindeki kavitasyon için genel bir kriter sunulmuştur [1]. Ayrıca, kavitasyon indeksinin 0.20'yi aştığı durumda büyük hasarların meydana gelmeyeceğini belirtilmektedir [1]. Kritik kavitasyon indeksi (σ_i) geometrinin bir fonksiyonudur ve genelde değişik değerlerle anılmaktadır. Eşik ve dikdörtgen engeller için kritik kavitasyon indeksi bazı araştırmacılar tarafından tanımlanmıştır [29].

Tablo 2.1 Kavitasyon hasarının önlenmesi için kriterler [1, 33]

Kavitasyon İndeksi (σ)	Tasarım gereksinimi
>1.80	Yüzey koruması gerekli değildir, kavitasyon önemli değildir
0.25~1.80	Şut yüzeyi özel pürüzlü kaplamalarla korunabilir.
0.17~0.25	Kanal yüzeyi şut profilinin ilave tasarım düzenlemesiyle veya tasarıma havalandırıcılar ilave edilerek korunabilir
0.12~0.17	Tasarıma havalandırıcılar eklenerek şut yüzeyi korunabilir.
<0.12	Şut yüzeyi muhtemelen kavitasyondan korunamayacaktır. Tasarım değiştirilmelidir.

3. Dolusavak Havalandırıcıları

Bu bölümde; dolusavak kanallarındalki havalandırma, kavitasyonu önlemek için gerekli hava konsantrasyonu, havalandırıcı tasarımı, havalandırıcı geometrisi ve tipleri, hava giriş oranı miktarının belirlenmesi, akımdaki hava çıkışı, havalandırıcı jet uzunluğunun tespiti, hava sağlama sistemleri, havalandırıcılardaki boşluk alt basınçlarının belirlenmesi, havalandırıcı yeri ve aralığıklarının belirlenmesi ve batık havalandırıcılarla ilgili literatürdeki detaylı bilgilere yer verilmiştir.

3.1. Dolusavak Şut Kanallarında Havalandırma

Bir dolusavak üzerindeki akım, büyüyen bir sınır tabakasıyla birlikte net bir su çekirdek bölgesi oluşturur. Dolusavak tabanı üzerinde gelişen sınır tabakası, serbest yüzeye ulaştığı zaman sınır tabakası üzerindeki türbülans doğal bir hava girişi başlatabilir. Eğer serbest yüzeyden giren hava dolusavak tabanına ulaşamaz ise kavitasyon hasarı meydana gelebilir [15]. Bu durumda havalandırıcılar kullanmak gerekebilir.

Dolusavak şut kanalları üzerinde meydana gelebilecek muhtemel kavitasyon hasarını önlemenin en verimli şekli havalandırıcıların kullanımı olmuştur. Havalandırıcılar, dolusavak şut kanalları üzerindeki yüksek hızlı su jeti altında yapay olarak oluşturulan boşluk içinde meydana gelen atmosfer altı basınçlar sayesinde, dışarıdan hava emmek suretiyle çalışırlar. Bu amaçla genel olarak bir havalandırıcıda, yüksek hızlı su jetini kanal tabanından yükseltecek bir eleman (rampa veya saptırıcı ve/veya basamak) ve su jetinin altındaki alt basınç bölgesini besleyecek baca v.b. elemanların olması gerekir. En iyi sprey etkisini sağlamak için genelde eşik ve rampa birlikte kullanılır. Kanal enkesiti boyunca rampa ve/veya eşiğin hemen mansabına bir oluk yerleştirilerek kanal genişliğince daha iyi hava girişi sağlanabilir. Ancak araştırmacılar yalnız başına bir oluk kesinlikle kullanılmaması gerektiğini belirtmktedirler. Çünkü bu durumda yeterli bir altbasınç bölgesi oluşmayacak ve hava içeriye doğru emilmeyecektir. Hava girişinin bir rampa veya saptırıcı ile en etkili olduğu belirtilmektedir [1]. Bir rampa, serbest su jetini yüksek dereceli türbülansa maruz bırakır. Oskolkov ve Semenkov [32], rampa üzerinden geçen akımın sınır tabakasındaki büyümenin havalandırma yoğunluğunu arttıracağını ileri sürmüşlerdir. Bununla birlikte Volkart ve Rutschmann [9], rampaların hızlı akımlarda yüksek şok dalgalarına sebep olabileceğini ve bu durumun bazı dezavantajlarından bahsetmişlerdir.

Giren havanın kavitasyon üzerinde aşağıdaki etkilerinin olacağı belirtilmektedir [5]:

- Kavitasyon nedeniyle oluşan buhar boşluklarına giren hava, yüksek basınç bölgesinde meydana gelebilecek çarpışmalara yastık görevi yaparak su darbesini azaltacaktır.
- Su içindeki hava kabarcıklarının varlığı şok dalgalarının hızlanmasına engel olacak ve böylece yüzey malzemesi üzerindeki şok dalgalarının etkilerini azaltacaktır.

Falvey ve Ervine [10], Bruschin [34], Pinto [35], Chanson [4] ve Volkart ve Rutschmann [9] gibi araştırmacılar tarafından bir havalandırıcının havalandırma mekanizması tanımlanmıştır. Şekil (3.1) de gösterildiği gibi, bir havalandırıcı çevresi dört bölgeye ayrılmıştır [1, 4, 27]. Bunlar;

- Yaklaşan akım bölgesi,
- Geçiş bölgesi,
- Havalandırma bölgesi,
- Hava çıkış bölgesi olarak saymak mümkündür.

Ayrıca, havalandırma bölgesi,

- Kesme bölgesi,
- Sprey bölgesi,
- Karışım bölgesi şeklinde üç bölgeden oluşmaktadır (Şekil 3.1).

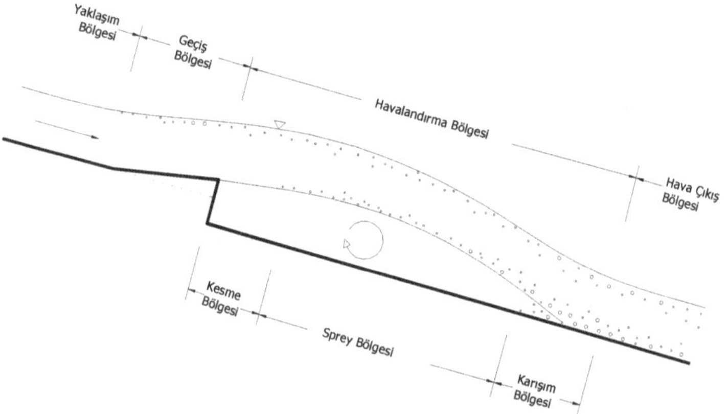

Şekil 3.1. Havalandırma mekanizmasının tanımlanan bölgeleri [1, 4, 27]

Yaklaşım bölgesi havalandırıcının hemen menbasında yer alır. Bu bölgede dolusavağın aşağılarına doğru akım hızlanabilir. Yüzey havalandırması olabilir veya olmayabilir. Akımın rampa veya saptırıcı üzerinde kalan kısmı geçiş bölgesini oluşturur. Rampanın mansabındaki taban basınçları atmosfere çok yakın olmasına rağmen akımdaki lokal basınçlar geçiş bölgesinde hidrostatik basıncın üzerine yükselir. Bir havalandırıcı çevresindeki basınç ölçümleri Pinto [35] tarafından sunulmuştur. Geçiş bölgesindeki basınç alanı değişimi akım türbülansında yükselişe sebep olur ve bu da havalandırma performansını arttırır [1].

Havalandırma bölgesi Şekil 3.1'deki gibi üç bölgeden oluşmaktadır. Kesme bölgesinde yüksek hızlı jet, nap altındaki hava ile temastadır. Fakat nap yüzeyindeki yüzey gerilmelerinin üstesinden gelebilecek yeterli türbülans olmadığından hiçbir su damlası jetten ayrılamaz ve hava kabarcıkları da jetin içine giremez. Sonunda, hava-su ara yüzeyindeki denge bozulur ve sprey meydana gelir. Sprey bölgesinde oluşan spreyin, difüzyon işlevi görmesi nedeniyle giren hava üzerinde yüksek derecede etkisi vardır. Gerçekten de bu bölge hava girişi üzerinde birinci derecede etkilidir.

Sprey bölgesinin mansabında jet, şut tabanı üzerine çarpar ve jet boyunca yeni bir basınç dağılımı oluşur. Karışım bölgesi "çarpma bölgesi" diye de adlandırılabilir. Taban basınçları çarpma bölgesinde maksimum değerlere ulaşır. Bu bölge yüksek türbülanslıdır ve yüksek enerji kayıpları meydana gelir [4]. Çarpma bölgesinde akım, nap üzerindeki negatif bir basınç dağılımından maksimum bir basınç dağılımına ani bir basınç değişimine zorlanır. Yalnızca düşük Froude sayılarında bu bölgenin akımı iyi anlaşılabilir. Bu bölgedeki hava çıkışı Chanson [36] tarafından çalışılmıştır. Yerçekimi ve akım türbülansının etkileşiminin bir sonucu olarak hava kabarcıkları su ile karışır [35]. Bu bölgenin bitiminden sonra hava çıkışı başlar.

Hava çıkış bölgesinde, şut tabanı civarındaki hava konsantrasyonu hava kabarcıklarının yukarıya yükselmesiyle azalır. Akıma giren havanın bir difüzyon işlemi başlatacağı Bruschin tarafından belirtilmiştir [34]. Oluşacak difüzyon, kabarcık boyutu dağılımı ve lokal hava konsantrasyonu tarafından kontrol edilecektir. Difüzyon işlemi akımın tabanında başlar ve sonunda akımın mansabına doğru üst serbest yüzeydeki havalandırma işlemi ile etkileşime girer. Sonunda yukarı ve aşağıya doğru hava harekâtı arasında bir denge oluşur [1].

Bir havalandırıcı üzerindeki yüzey havalandırmasının başlaması veya artması yerçekimi kuvvetleriyle alakalı olduğu belirtilir [1]. Bir havalandırıcı üzerindeki serbest jetin yerçekiminden etkilenmemesi ve dolayısıyla da jet içindeki hava kabarcıklarının hafifliğinin etkisinin ortadan kalkması, hava kabarcıklarının jet içinde kalmasını sağlayacak ve havalandırıcının verimini oldukça arttıracaktır [1].

Serbest yüzeyden önemli miktarda hava akıma karışmasına rağmen, deneysel çalışmalarda havalandırıcıların performansı genelde alt naptan giren hava miktarıyla belirlenir.

3.2. Gerekli Hava Konsantrasyonu

Kavitasyon hasarından kaçınmak için gerekli hava konsantrasyonu ile ilgili çalışmaların çoğunda, hava konsantrasyonunun %6~8 arasında olması gerektiği belirtilmiştir [1]. Russell ve Sheehan [5] malzeme testleri üzerine yaptığı çalışmada kavitasyon hasarını önlemek için %5 hava girişi sağlamanın yeterli olacağını savunmuşlardır. Saha ve model çalışmalarından Oskolkov ve Semenkov [32], kavitasyon hasarını önlemek için serbest hava değerinin %7~8 arasında olmasının uygun olacağını belirtmişlerdir. Rutschmann ve Volkart [37] tarafından, tasarım için hava konsantrasyonunun tabanda %7 alınabileceği önerilmiştir. 35 m/s'yi aşan akım hızları için hava konsantrasyonunun yukarıda önerilenlerden daha yüksek olması gerektiği bildirilmiştir [1]. Diğer bazı araştırmacılara göre, maksimum hızların 44 m/s olması durumunda şut kanalı yüzeyine yakın hava konsantrasyonunun %4~8 olması hasarı önlemede yeterli olacağı belirtilmiştir [27]. Abbasoğlu ve Okay'a [3] göre ise hava giriş oranının %8~2 arasında olması kavitasyonu önlemeye yeterli olacaktır.

Eğer serbest yüzey havalandırması, alt tabana yakın yeterli hava konsantrasyonu sağlıyorsa (C_a>%7) akımın serbest yüzeyinden giren hava dolusavak şut kanalı yüzeyini kavitasyon hasarından koruyabilir. Ancak yeterli yüzey havalandırması yoksa veya düzensizlik toleransı kavitasyondan kaçınamayacak kadar ciddiyse (U>30 m/s) şut kanalları üzerine yerleştirilen havalandırıcılar kullanılarak akım yapay olarak havalandırılmalıdır [4, 15, 24].

Yalnız kavitasyon bölgesindeki hava etkili olacağından ve gerçek hava gereksinimleri tam olarak bilinmediğinden, kavitasyona maruz dolusavak ve dipsavak elemanları mümkün olduğu kadar pürüzsüz yapılmalı ve tasarım maksimum hava girişi sağlayacak şekilde olması gerekiği belirtilmektedir. Bununla birlikte, havalandırılmış suyun içindeki serbest hava konsantrasyonunun %45'i aşması durumunda, yükselen hava kabarcıklarının akımın atomize olmasına yol açabileceği uyarısı yapılmıştır [1, 32].

3.3. Havalandırıcı Tasarımı

Dolusavak şut kanalları üzerindeki havalandırıcıların tasarımı için yöntemler hala gelişmelere açıktır. Mevcut tasarımlar model deneylerinden ve prototip ölçüm ve gözlemlerinden elde edilen bilgilerden yola çıkılarak pratiğe dökülür. Analitik tekniklerin kullanımı, birinci derecede sonlu elemanlar yöntemine dayanır [1].

Pinto ve diğ. [6] ve Cassidy ve Elder [29] dolusavak havalandırıcı tasarımında göz önünde bulundurulması gereken belirleyici faktörleri şöyle sıralamışlardır:

- Kavitasyonu önlemek için havalandırıcıların gerekli olup olmayacağı,
- İlk havalandırıcının yeri,
- Hava giriş oranı,
- Havalandırıcılar arasındaki mesafe.

Dikkate alınması gereken ek faktörler:

- Akımda istenen hava konsantrasyonu,
- Havalandırıcı elemanlarının, geometrisi, boyutları ve yeri,
- Diğer unsurlar.

Bu kriterlere ek olarak şut kanalının genişliği boyunca hava karışım oranı ve basınç dağılımlarının değişimine de dikkat edilmelidir. Sonuç olarak, iyi tasarlanmış bir havalandırıcının, dolusavak profili boyunca uygun yerde, yüksek hızlı jetin altına yeterli miktarda ve üniform bir hava karışımı sağlaması gerektiğini belirtilmektedir.

3.4. Havalandırıcı Geometrisi ve Tipleri

Klasik bir havalandırıcı genelde, kanal yüzeyine yerleştirilmiş genişlik boyunca bir oluk (grove), akımı tabandan ayırmak için bir rampa ve/veya eşik ve su jeti altındaki oluğu atmosfere açan hava besleme bacalardan oluşur. Farklı tiplerde olmasına karşın genelde hepsinin çalışma prensibi aynıdır. Farklı tipteki havalandırıcıların özellikleri incelenmiş ve genelde bir rampa (saptırıcı), bir eşik (basamak) ve bir oluktan oluşan tasarımın en iyi tasarım olduğunu belirtilmiştir [15]. Çok sayıda havalandırıcı tipinin davranışları Volkart ve Chervet [38] tarafından fiziksel modeller üzerinde incelenmiştir.

Şut kanalı yüzeyine yerleştirilen saptırıcı (rampa) ve eşikler katı cidar yakınındaki su akımının tabi havalandırılmasını sağlamakta kullanılan en basit ve pratik yapılardır. Tabandaki beslemenin aniden kesilmesi, yüksek su hızının havayı yoğun bir karışım içine sürüklediği yer boyunca hava-su ara yüzeyi oluşturur (Şekil 3.2, a ve d). Tabana yerleştirilen bir oluk jet altındaki boşluğa hava girişi sağlamak için herhangi bir şekilde yerleştirilebilir (şekil 3.2, c, e,f) [1, 29].

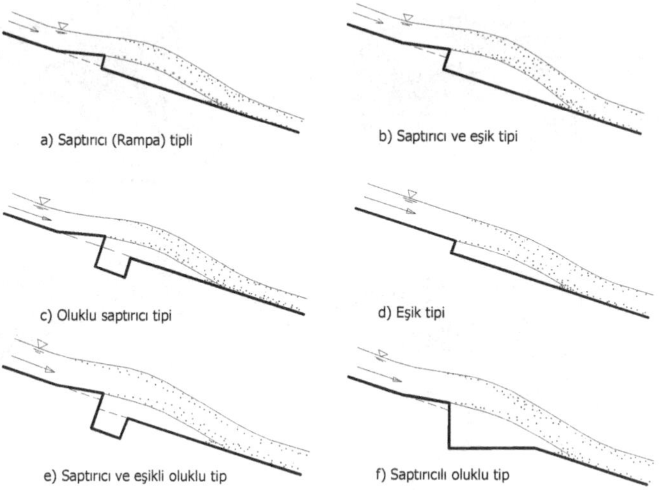

Şekil 3.2 Temel havalandırıcı tipleri [1, 29]

Özel bacalar, duvar yarıkları, oluklar veya kanallar, basamak veya saptırıcının mansabındaki boşluk hava girişini sağlamak için kullanılabilir. Dünya üzerinde birçok barajda farklı tipte havalandırıcılar kullanılmıştır. Bunlardan farklı hava giriş şekillerine sahip bazı havalandırıcı tipleri Şekil 3.3(a–e)' de gösterilmiştir. Yeni Zelanda'daki Clyde Barajı dolusavak havalandırıcısında hava girişi, Şekil 3.3a'da görüleceği gibi sonlandırılmış bir orta duvarın yardığı akım boşluğundan sağlanır. Calacucia Barajı havalandırıcısında, kenar duvarlara ve tabana gömülmüş oluklardan hava girişi sağlanmıştır (Şekil 3.3b). Foz do Areia (Brezilya) Barajı havalandırıcısında, jet altındaki boşluğa, kenar duvarlara yerleştirilmiş bacalar vasıtasıyla hava girişi sağlanır (Şekil 3.3c). Mantaro (Peru) ve Ait Chouarit Barajları havalandırıcılarında, kenar duvarlardaki eşik sayesinde akıma hava girişi sağlanır (Şekil 3.3d ve e) [18].

Tasarım açısından temel havalandırıcı şekilleri aşağıdaki şartları sağlamalıdır [18]:

- Şut kanalı uzunluğu boyunca tabandaki minimum hava gereksinimini sağlamalı,
- Basınç sayısının ($\Delta P / \rho_w g h$) yükselmesiyle, hava giriş oranının (β) düşüşü kabul edilebilir derecede az olmalı,
- Ana havalandırma bacalarının kesitleri yeterli olmalı,
- Kavitasyon hasarını kendi kendine önleyecek, yeterince ekonomik ve basit tasarım gerektiren aygıtlar kullanılmalıdır.

Burada; ΔP: Altbasınç farkı (N/m^2), ρ_w: Suyun yoğunluğu (kg/m^3), g: Yerçekim ivmesi (m/s^2), h: Su derinliği (m), β: Boyutsuz hava giriş oranı ($\beta = q_a / q_w$).

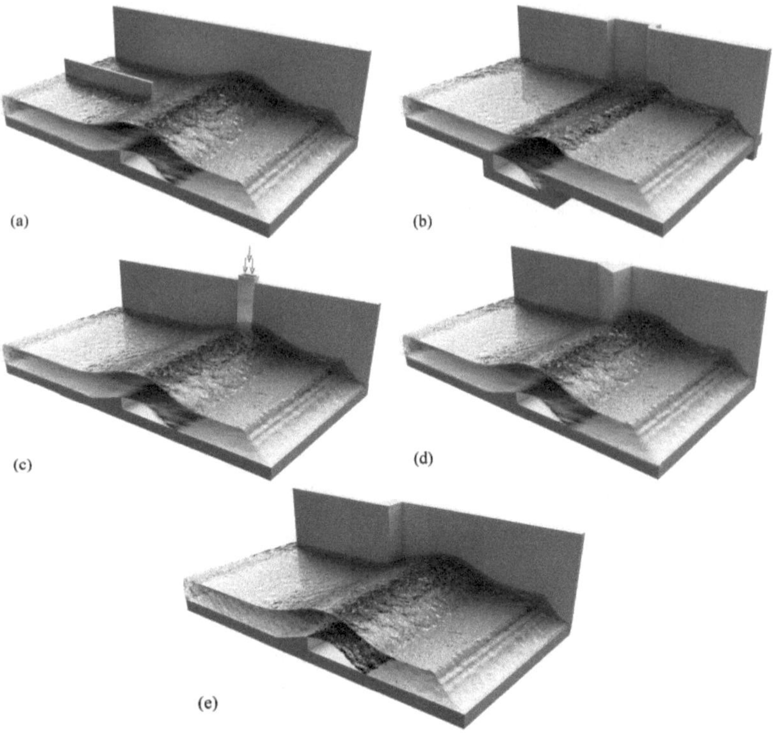

Şekil 3.3 Bazı havalandırıcı tipleri: (a) Clyde Barajı, Yeni Zelanda, (b) Calacucia Barajı, Fransa, (c) Foz do Areia Barajı, Brezilya, (d) Mantaro Barajı, Peru, (e) Ait Chouarit Barajı dolusavak havalandırıcısı, Maroc.

Rutschmann [39], hava giriş performansı bakımından havalandırıcı model datalarını analiz etmiş ve bu analiz sonucuna dayanarak, verilen akım durumları ve hava sağlayıcı sistem için optimum havalandırıcı geometrisinin belirlenebileceği sonucuna varmıştır. Genel olarak Rutschmann'ın bulguları aşağıdaki maddeleri içerir [39]:

- Boşluk altbasınçlarının geniş bir aralığında, dik bir rampa iyi bir performans sağlar.
- Nispeten düz bir rampa yüksek basınçlar için biraz daha iyi performans sağlar.
- Bir eşik, yalnızca düşük alt basınçlar için havalandırıcı performansını iyileştirir ve altbasınçların yükselmesiyle performans aniden düşer.

Klasik bir havalandırıcının kısımları Şekil 3.4'de gösterilmiştir.

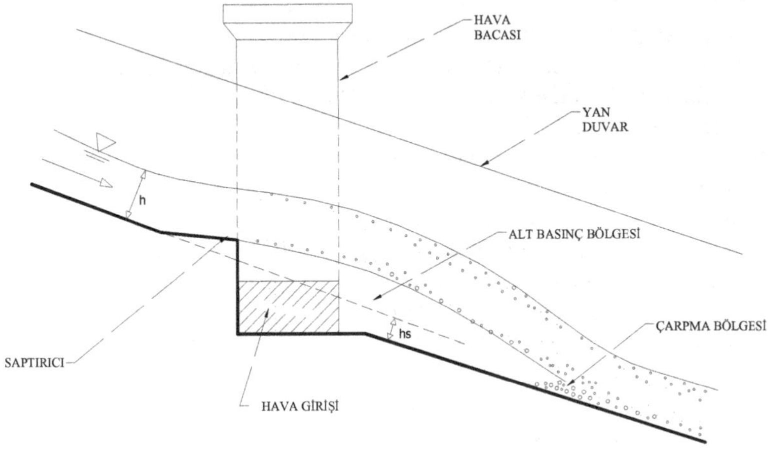

Şekil 3.4 Klasik bir havalandırıcı kesiti

Deneysel bir kural olarak, yeterli hava girişi için jet uzunluğunun, rampa veya eşikteki akım derinliğine oranının (L_j/h) 3~5 aralığında olması gerektiği aktarılmıştır [1]. Bu kriter Guri barajı dolusavak şut kanalı havalandırmasında kullanılmıştır. Bununla birlikte, Pinto ve diğ. [6]'e göre de L_j/h=3~5 olmalı, fakat havalandırmanın memnun edici düzeyde olması için L_j/h değerinin 4~5 den fazla olması gerekir. L_j/h=3~5 aralığında seçilmesi hidrolik modeller için iyi bir kural olarak benimsenebilir [1, 6].

Havalandırıcı rampa veya saptırıcı yüksekliğinin genelde 0.1~0.8 m, basamak veya eşik yüksekliklerinin de genelde 0.3~1.0 m aralığında alınması tavsiye edilmektedir [32].

3.5. Hava Giriş Oranı

Dolusavak havalandırıcılarının havalandırma performansının belirlenmesinde kullanılan boyutsuz *hava giriş oranı (hava giriş katsayısı)*[2] birçok araştırmacı tarafından kullanılmıştır[3]. Bu parametre Denklem 3.1'deki gibi giren hava debisinin su debisine oranı olarak tanımlanır.

$$\beta = \frac{Q_a}{Q_w} \tag{3.1}$$

Burada; β: Hava giriş oranı (veya katsayısı), Q_a: Giren hava debisi (m^3/s), Q_w: Suyun debisi (m^3/s)'dir.

[2] İngilizcesi: "*Air entrainment rate*" veya "*Air entrainment coefficient*"

[3] Buna bağlı ortalama hava konsantrasyonu: $C_o = \frac{\beta}{1+\beta}$ ile hesaplanır.

Bir havalandırıcı tarafından sağlanan hava miktarının hesabı için birçok denklem önerilmiştir. Bu denklemlerin hepsi görünüşte tamamen farklıdır fakat genelde akım (su hızı, Froude sayısı gibi) ve havalandırıcı (jet uzunluğu, boşluk alt basınçları gibi) karakteristiklerini içerir. Hava giriş oranını tanımlamak için araştırmacılar genel olarak iki yaklaşım sunar. Birincisi, Froude sayısı (Fr), Euler sayısı (E, veya P_N boşluk altbasınç sayısı) ve şut ve havalandırıcı geometrisi gibi parametrelerin havalandırıcı performansı üzerindeki etkilerinin dikkate alındığı direkt yaklaşımdır. İkincisi ise, Pinto ve diğ. [6] tarafından sunulan ve β' nın, dolaylı olarak diğer parametrelerin çoğunu temsil eden jet uzunluğuna (L_j) bağlı değişimini öngören endirekt yaklaşımdır. Bu iki yaklaşımda da yüzey gerilimi kuvvetlerini temsil eden Weber sayısının (We), viskoz kuvvetleri temsil eden Reynolds sayısının (Re) ve türbülansın etkileri ihmal edilir. Bu durumda deneysel çalışmalarda ölçek etkilerine dikkat edilmesi gerekir.

3.5.1. Birinci Yaklaşım (Direkt yaklaşım)

Bu yaklaşımda, hava girişi üzerinde etkili tüm parametreler dikkate alınır. Bir havalandırıcının hava ihtiyacı, alt basınçları ifade eden basınç sayısı veya Euler sayısı, Froude sayısı ve havalandırıcı ve şut geometrisine bağlı olarak incelenir.

Bir havalandırıcının sağlayacağı hava miktarı, havalandırıcı boşluk alt basıncının (ΔP) karekökü ile doğru orantılı olduğu bir orifise benzetilebilir. Model ölçeğinin Reynolds ve Weber etkilerinin üstesinden gelecek kadar büyük seçilmesi durumunda, havalandırıcı performansının (3.2) denklemiyle belirlenebileceği ifade edilmiştir [2]:

$$q_a = c\sqrt{\Delta P} \tag{3.2}$$

Burada; q_a: Birim hava debisi ($m^3/s/m$), c: Deneysel bir katsayı, ΔP: Atmosfer basıncı ile nap altı basınçların farkı (rölatif basınçlar dikkate alınırsa, boşluk alt basıncı diye adlandırılabilir) (N/m^2). Bu bağıntı hava sağlama sisteminin boyutlarına bağlı olacaktır.

Bir havalandırıcıdan sağlanan havalandırma debisi boşluk alt basınçlarına bağlı olarak (3.3) denklemiyle ifade edilmiştir [17, 40]:

$$Q_a = C_D A\sqrt{\frac{2\Delta P}{\rho_a}} \tag{3.3}$$

Burada, C_D : Hava sağlama bacasının debi katsayısı, A: Hava bacasının kontrol alanı (m^2), ρ_a: Havanın yoğunluğu (kg/m^3), B: Kanal genişliğidir (m). Birim şut kanalı genişliğindeki efektif baca alanı $D_a = C_D A / B$ ile ifade edilebilir. Böylelikle havalandırıcının sağlayacağı hava giriş oranı, aşağıdaki boyutsuz değişkenlere göre yazılabilir [40]:

$$\beta = f\left(Fr, \frac{D_a}{h}, \alpha, \theta, \frac{t_r}{h}, \frac{t_s}{h}\right) \tag{3.4}$$

Buna bağlı olarak Pinto aşağıdaki fonksiyonu düzenlemiştir [40]:

$$\beta = a(Fr - K)^b \left[\frac{(t_r + t_s)}{h}\right]^c \left(\frac{D_a}{h}\right)^d \tag{3.5}$$

Burada; *a, b, c, d ve K*: Deneysel sabitler, *h*: Akım derinliği(m), α: Dolusavak şut kanalı eğim açısı, θ: Rampa eğim açısı, t_r: Rampa yüksekliği (m), t_s: Eşik yüksekliği (m), *Fr*: Froude sayısıdır. Buradaki, *a, b,c* ve *d* deneysel katsayıları en küçük kareler yöntemiyle Pinto tarafından %99 korelasyon ile elde edilmiş ve (3.6) denklemi düzenlenmiştir [17, 40]:

$$\beta = 0.47(Fr - 4.5)^{0.59} \left(\frac{D_a}{h}\right)^{0.6} \tag{3.6}$$

$(t_r + t_s)/h$ Parametresinin üssü 0.05 den küçük olduğu için ihmal edilmiştir. Yani bu parametrenin hava girişi üzerine etkisi azdır ve D_a/h parametresinin etkisi önemlidir. Burada D_a/h parametresinin, dolaylı olarak boyutsuz jet uzunluğu ($\lambda_j = L_j/h$) yerine kullanıldığı ayrıca belirtilmiştir [40].

Clyde Barajı dolusavak havalandırıcısı için hava giriş oranının Froude ve basınç sayısına göre değişimi, Volkart ve Rutschmann [18] tarafından Denklem (3.7) ile ifade edilmiştir:

$$\beta = K_1(Fr - K_2) - K_3\left(\frac{\Delta P}{\rho_w g h}\right)^n \tag{3.7}$$

Burada; β : Hava giriş oranı (veya katsayısı), ΔP: Atmosfer basıncı ile su jet altındaki boşluk basıncı farkı (N/m^2), K_1, K_2, K_3: Havalandırıcı ve şut geometrisine bağlı deneysel katsayılar, *n*: Deneysel bir üstür. Eşik yüksekliği sıfır olması halinde *n* birim olarak alınabilir [1]. Katsayılar Foz do Areia, Guri ve Amaluza baraj dolusavaklarından alınan datalardan elde edilmiştir. Bu katsayılar Tablo 3.1'de verilmiştir [37]. Tabloda belirtilen barajlar için katsayılar hesaplandığından bu denklem sadece belirli geometrideki havalandırıcılar için uygulanabilir.

Verilen bir havalandırıcının hava giriş oranı aşağıdaki denklemle tanımlanabilir [16]:

$$\beta = c_1 \Delta F^{1.5}(1 - c_2 P_N) \tag{3.8}$$

Burada; c_1 ve c_2: Havalandırıcı ve şut geometrisine bağlı katsayılar, $\Delta F = Fr - F_c$ (F_c kritik Froude sayısıdır), $P_N = \Delta P / \rho_w g h$ (Boyutsuz basınç sayısı).

Tablo 3.1 Denklem (3.7) deki katsayılar [37]

Baraj Adı	Şut Eğimi (%)	Rampa Yüks.(m)	Rampa Eğimi	K_1	K_2	K_3
Foz do Areia[4]	25.84	0.2, 0.15	7.1	0.1713	4.9400	1.0000
Guri[5]	58.00	0.10	2.0	0.0298	3.1007	0.0035
Amaluza	240.0	0.06	5.7	0.2151	5.9131	0.5744

Havalandırıcılar tarafından sağlanan hava debisi, atmosfer altı basınçlarının ve verilen havalandırıcı geometrisi için akım durumlarının bir fonksiyonu olarak Clyde barajı üzerinde çalışılmıştır [4, 24, 36].

3.5.2 İkinci Yaklaşım (Endirekt yaklaşım)

Bu yaklaşımda, jet uzunluğunun rölatif hava debisi üzerinde öncelikli etkisinin olduğu kabul edilir. Bu şekilde havalandırıcı geometrisi, boşluk altbasınçlar gibi değişkenler jet uzunluğuyla ifade edilmiş olur. Jet altındaki atmosfer altı basınçlar ihmal edilerek, hava ihtiyacı için (3.9) denklemi elde edilmiştir [10]:

$$q_a = \frac{(g.x^2 \tan\alpha)(f/8)^{0.5}}{U \cos^2\alpha} + U.x\left(\frac{f}{8}\right)^{0.5} \qquad (3.9)$$

Burada; q_a: Birim hava debisi ($m^3/s/m$), x: Havalandırıcı üzerindeki jetin başlangıcından çarpma bölgesine olan yatay mesafe (m), f: Darcy-Weisbach sürtünme katsayısı, U: Ortalama su hızı (m/s), α : Şut kanalı taban eğimi, g: Yerçekimi ivmesi (m/s^2)'dir. Küçük eğimler için Denklem (3.9) aşağıdaki şekilde kısaltılabilir:

$$q_a = \left(\frac{f}{8}\right)^{0.8} U L_j \qquad (3.10)$$

Burada; L_j: Su jetinin uzunluğudur (m). Jet uzunluğu, su jetinin başladığı yerden, havalandırıcının mansabında şut kanalı üzerindeki maksimum basınç noktasına olan uzaklık olarak alınabilir. Falvey ve Ervine [10] (3.9) ve (3.10) denklemlerinin yalnızca L_j/h oranının 50'den küçük olması durumunda kullanılabileceğini ifade etmişlerdir. Denklem (3.10) birçok araştırmacı tarafından aşağıdaki şekilde kabul görmüştür [1]:

$$q_a = K U L_j \qquad (3.11)$$

---

[4] 1 ve 2. havalandırıcılar

[3] 1. şut kanalı ve 2. havalandırıcı

Buradaki K boyutsuz bir katsayıdır. Denklem (3.11) hava giriş oranının, debinin değil akım hızının açık bir fonksiyonu olduğunu işaret eder ve hava giriş oranı üzerinde jet uzunluğunun doğrusal bir etkisi olduğunu ortaya koyar. Denklem (3.11), $q_w = Uh$ ile bölünürse, hava giriş oranı aşağıdaki şekilde yazılabilir:

$$\beta = q_a / q_w = K(L_j / h) \tag{3.12}$$

Birkaç özel havalandırıcı tipi için bazı araştırmacılar tarafından Denklem (3.12) önerilmiştir [18]. Pinto ve Neidert [8], denklem (3.11)'in kullanımı ile ilgili kapsamlı araştırmalar yapmışlar ve bu denklemin bir havalandırıcının hava giriş kapasitesini iyi bir şekilde açıkladığını ve K katsayısının havalandırıcı geometrisi ve boyutsuz akım karakteristiklerinin (Froude ve Euler sayıları gibi) bir fonksiyonu olduğu sonucuna varmışlardır. Çalışmalarında K katsayılarını 0.01~0.08 aralığında tanımlamışlardır [8]. Hamilton (1984) K değerleri için 0.01~0.05 aralığını önermiştir [1]. Pinto ve diğ. [6], Foz do Areia barajı dolusavağının üç havalandırıcısı için K değerini simetrik havalandırma halinde 0.033, asimetrik havalandırma halinde 0.023 olarak elde etmişlerdir. Guri barajı dolusavağı için K'nın 0.01~0.035 aralığı aktarılmıştır [1]. Emborcacao barajı dolusavağının orta havalandırıcısının K değeri 450~2800m^3/s debiler için 0.033 olarak verilmiştir [1]. Deklem (3.12) için bu katsayılar benzer bazı havalandırıcılara uygulanabilir ancak genel olarak uygulanabilir değildir.

Rutschmann [39], hava giriş oranı için aşağıdaki iki denklemi sunmuştur. Bu denklemler model çalışmalarından tanımlanmış ve Foz do Areia, Amaluza, Emborcacao ve Colbun barajlarındaki prototip ölçümleriyle iyi bir uyum sağlanmıştır.

$$\beta = 0.0372(L_j / h) - 0.2660 \tag{3.13}$$

$$\beta = 0.0493(L_j / h) - 0.0061 Fr^2 - 0.0859 \tag{3.14}$$

Bu denklemlerin oldukça geniş bir geometri ve akım şartlarına uygulanabilirliği görülmesine rağmen, Rutschmann bu iki denklem için uygulama sınırları vermiştir. Rutschmann bu iki denklemin, (3.7) denkleminden daha iyi sonuç verdiğini vurgulamıştır. Ancak Rutschman'ın bu denklemleri bazı geometrilere uygulanmış ve uygun olmayan değerler alınmıştır. Hatta bu denklemlerden negatif değerler bile alınabilmektedir. Dolayısıyla bu denklemler genel olarak uygulanabilir değildir.

Sıfır boşluk alt basıncındaki boyutsuz jet uzunluğuna bağlı olarak hava giriş oranı Rutschmann ve Hager [16, 41] tarafından (3.15) denklemiyle tanımlanmıştır:

$$\beta = \frac{0.03(\lambda_{max} - 5)}{1 + 0.0085 \frac{Fr}{\phi} \lambda_{max}} \tag{3.15}$$

$$\phi = \frac{A_a}{Bh}\left(0.43(1+2\xi_{tot})\frac{\rho_a}{\rho_w}\right) \tag{3.16}$$

Denklem (3.15) ve (3.16)'daki; ξ_{tot}: Hava sağlama sistemindeki yük kaybı katsayısı (ξ_{tot}=0.55 alınabilir), A_a: Hava giriş alanı (m^2), B: Şut kanalı genişliği (m), λ_{max}: Maksimum rölatif jet uzunluğudur ($\lambda_j = L_j/h$). λ_j teriminin yer aldığı denklemleri kullanabilmek için jet uzunluklarının hesaplanması gerekir. Denklem (3.15)'deki maksimum rölatif jet uzunluğu, sıfır alt basınçlar için olup, "*Jet Uzunluğu*" başlığı altında Denklem 3.45 ile verilmiştir.

Kökpınar ve Göğüş [22], rampa ve eşiğin birlikte kullanıldığı bir havalandırıcının alt ve üst naptan giren hava miktarını jet uzunluğuna bağlı olarak belirlemek için fiziksel model deneyleri yürütmüşlerdir. Bu model deneyi Demiröz [42], tarafından yapılana benzemekle birlikte Demiröz sadece bir rampa kullanmıştır. Alt nap için eşik üzerine yerleştirilen hava giriş borusundan hava hızları ve dolayısıyla debileri ölçülmüştür. Kanal boyunca statik basınçlar ölçülmüş ve en büyük basınç noktası jetin çarpma noktası kabul edilerek jet uzunlukları hesaplanmıştır. Kökpınar ve Göğüş [22], alt nap boyunca giren hava oranı için aşağıdaki denklemi önermiştir:

$$(\beta_{alt})_e = 0.0189\left(\frac{L_j}{h}\right)^{0.83}\left[\left(\frac{A_a}{A_w}\right)(1+\tan\alpha)\right]^{0.24} \tag{3.17}$$

Bu denklem bazı limitlerle sınırlandırılmıştır: $0^o \le \theta \le 9.45^o$; $0 \le \tan\alpha \le 1.25$; $5.56 \le Fr \le 10.00$; $0 \le t_r/t_s \le 0.8$; $0 \le t_r/h \le 0.4$; $0.02 \le A_a/A_w \le 1$ ve $109 \le We \le 182$. Burada; $(\beta_{alt})_e$: Deneysel alt nap hava giriş oranı, t_r: Rampa yüksekliği (m), t_s: Eşik yüksekliği (m), A_a: Hava giriş enkesit alanı (m^2), A_w: Havalandırıcı membasında akımın enkesit alanı (m^2), θ: Rampa ile şut arasındaki eğim açısı, α: Şut kanalı eğim açısıdır. Bu denklemin beklenen ölçek etkilerini gidermek için Pinto [17] tarafından yayınlanan Brezilya'daki Foz do Aeia ve Emborcacao barajı ve Türkiye'deki Keban barajı havalandırıcılarından elde edilen prototip dataları kullanılmış ve aşağıdaki denklemler sunulmuştur [22]: Simetrik havalandırıcılar için;

$$\left[(\beta_{alt})_p\right]_c = \xi'(\beta_{alt})_e^{\varepsilon'} \tag{3.18}$$

Asimetrik havalandırıcılar için;

$$\left[(\beta_{alt})_p\right]_c = \xi''(\beta_{alt})_e^{\varepsilon''} \tag{3.19}$$

Buradaki, c indisi hesap değerini, p indisi prototipi, e ise deneysel değerleri temsil eder. Denklemdeki katsayılar ξ'=5.194, ξ''=4.186, ε'=1.150, ε''=1.388 olarak elde edilmiştir [22].

3.5.3. Froude Sayısının Hava Girişine Etkisi

Chanson [24], verilen bir su derinliği ve havalandırıcı geometrisi için ve sabit basınçlar altında $\beta = f(Fr)$ bağıntısını incelemiş ve bu fonksiyonun değişimini, dört farklı bölgeye ayırmıştır (Şekil 3.5): Birinci bölgede, kritik bir hızın (U_c=0.80m/s) altında hava girişi olmadığı kabul edilir. Kritik hıza karşılık gelen karakteristik bir Froude sayısı tanımlanmıştır ($F_0 = U_c/\sqrt{gh}$). Dolayısıyla bu bölgede $F_r<F_0$ için hava girişi olamayacağı savunulur. İkinci bölge $F_0<Fr<F_1$ aralığındadır ve hava girişi karışım bölgesinde gerçekleşir. Bu bölgede alt ve üst nap hava girişi olmaz. Üçüncü bölgede rölatif hava debisi Froude sayısıyla doğrusal olarak artar ve bu bölgede hava, serbest yüzeye yakın yüksek türbülans girdaplarıyla girer ($F_1<F_r<F_2$). Üçüncü bölgedeki hava girişi aşağıdaki denklemle tanımlanmıştır [24]:

$$\beta = K_1(Fr - F_1) \tag{3.20}$$

Buradaki F_1 sayısı nap hava girişinin başladığı Froude sayısı olarak kabul edilir. Denklem (3.20)'deki F_1 ve K_1 sayıları istatiksel çalışmalar sonucu elde edilmiştir [24]: $F_1 = f_1 + E_1\sqrt{P_N}$, buradaki E_1 ve f_1 aşağıdaki şekilde hesaplanır: $E_1 = 23.51(d/t_s)^{-3/2}$, $f_1 = -8.17 + 5.77(d/t_s) - 0.605(d/t_s)^2$, K_1=0.2 (Rampa açışı 5.7°), K_1=0.06 (Rampa yok). Bu denklemlerdeki; d: Denklem (3.31)'de tanımlanacak karakteristik derinlik (m), t_s: Eşik yüksekliği(m), P_N: Basınç sayısıdır ($P_N = \Delta P/(\rho_w gd)$). Denklem (3.20), Clyde Barajı dolusavak modeli üzerindeki deneysel datalarla iyi bir uyum sağlamasına rağmen, farklı dolusavak eğimleri veya farklı geometrideki havalandırıcılar için genel olarak uygulanabilir değildir [24].

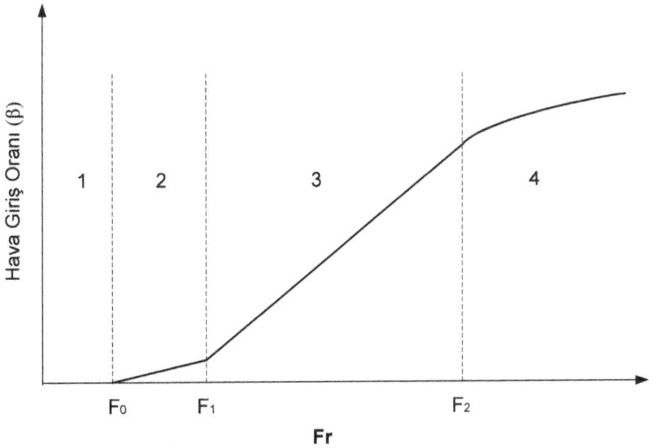

Şekil 3.5 Chanson'a göre Fr sayısı ile hava giriş oranının değişimi [24]

Dördüncü bölge ($F_r>F_2$) yüksek Froude sayıları için tanımlanmıştır. Bu bölgede hava girişi, alt ve üst nap girişleriyle olur ve akımın hava taşıma kapasitesiyle sınırlıdır. Bu bölgedeki hava giriş oranı aşağıdaki denklemle tanımlanmıştır [24].

$$\beta = K_2\sqrt{F_r - F_2} \qquad (3.21)$$

Burada, K_2 katsayısı ve F_2 Froude sayısı farklı geometriler için deneylerden elde edilebilir [24].

Başka araştırmacılar tarafından da, sadece Froude sayısının hava giriş oranı üzerindeki etkilerini gözlemlemek için sıfır altbasınçlarda (atmosfer basıncına eşit altbasınçlar), β'nın Froude sayısı ile değişimi incelenmiştir. Buna göre verilen bir geometri için Froude sayısının yaklaşık 6.2 değerinden daha büyük değerleri için β'nın Froude sayısıyla doğrusal arttığı gözlenmiştir [18].

3.5.4. Diğer Yaklaşımlar

Bir havalandırıcı tarafından sağlanan hava giriş oranının bağlı olduğu büyüklüklerle değişimi deneysel ve analitik olarak Rutschmann ve Hager [16, 41] tarafından incelemiş ve aşağıdaki sonuç ve bağıntılar bulunmuştur:

I. β'nın Euler sayısıyla değişimi:

$$\frac{\beta}{\beta_{\max}} = \left[\frac{2}{\pi}\arctan\left(3.10^{-3}\Delta E\right)\right]^{\xi} \qquad (3.22)$$

Burada, $\Delta E = E - E_{\min}$, $E = \rho U^2/\Delta P$ (Euler sayısı), β_{max}: Sıfır boşluk altbasınçları için hava giriş oranıdır. Deneysel olarak ξ=0.70~0.80 aralığında elde edilmiştir. E_{min}, β=0 için Euler sayısıdır.

$$10^{-3}E_{\min} = \frac{1}{2.3}(\tan\theta)^{1.15}\exp\left[1.15(\tan\alpha)^2\right] + \frac{1}{3}\left(\frac{t_s}{h}\right)^2 \qquad (3.23)$$

Burada; θ: Rampa eğim açısı, α: Şut kanalı eğim açısı, t_s: Eşik yüksekliği (m), h: Havalandırıcıdan önceki akıma dik su derinliğidir (m).

II. Deney düzeneğinde boşluk alt basınçlarını gidermek için bir hava üfleyicisi kullanılmış ve böylece Euler sayısı etkisi elenerek Froude sayısının etkisi incelenmiştir. ΔP=0 olduğunda, $\beta_{\max}$ elde edilecektir.

$$\beta_{\max} = 0.45c(Fr - 5.4)^{\varepsilon} \qquad (3.24)$$

Buradaki ε ve c katsayıları havalandırıcı ve şut kanalı geometrilerine bağlı olarak elde edilir. Rutschmann ve Hager [40] tarafından hazırlanan model deneylerinde, ε=0.35, c katsayısı ise farklı deney setleri için 1.76 ve 1.26 olarak belirlenmiştir. Bu denklem Fr>6 için geçerlidir.

III. Havalandırıcı rampası eğiminin (θ) etkisi;

$$\beta_{\max} = c_{\alpha}(\tan\theta)^{1.15}(Fr - 5.4)^{\varepsilon} \qquad (3.25)$$

Burada; c_α önemli ölçüde dolusavak şut eğimine bağlı orantılık katsayısıdır.
IV. Dolusavak eğiminin(α) etkisi;
$c_\alpha = \exp\left[(1.15\tan\alpha)^2\right]$ olarak elde edilmiş ve bu durumda (3.25) yeniden yazılmıştır:

$$\beta_{max} = (\tan\theta)^{1.15}\exp\left[(1.15\tan\alpha)^2\right](Fr - 5.4)^{\varepsilon} \qquad (3.26)$$

V. Boyutsuz jet uzunluğunun ($\lambda_j = L_j/h$) bir fonksiyonu olarak (3.27) denklemi elde edilmiştir.

$$\beta_{max} = 0.030(\lambda_j - 5) \qquad (3.27)$$

Bu denklem $12 > F_r > 6$ için verilmiştir. Buradaki λ_j değeri "*Jet uzunluğu*" başlığı altında incelenmiştir.

3.5.5. Nap Hava Girişleri

Chanson [36] klasik bir havalandırıcı üzerindeki hava girişlerini Şekil (3.6)'daki gibi göstermiştir. Şekilde görüleceği gibi, L_{Cmin} uzunluğunda hava karışımsız net bir su bölgesi mevcuttur. Saptırıcı sonundan itibaren kesme tabakasının serbest yüzeyi kestiği uzunluk ise L_{shear} olarak adlandırılmıştır. Alt ve üst serbest yüzeylerde ara yüzey olarak hava konsantrasyonunun %90 olduğu yüzey alınmıştır. Şekilde alt nap ve üst nap boyunca hava girişleri gösterilmiştir.

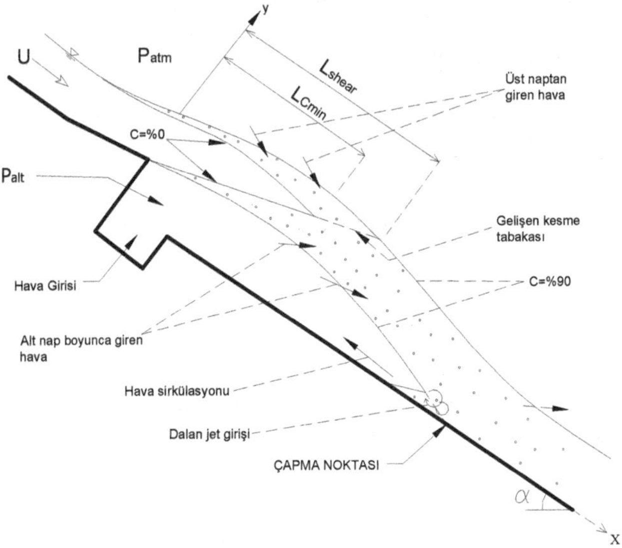

Şekil 3.6 Bir havalandırıcı üzerindeki hava girişleri [36]

Alt ve üst nap boyunca giren hava, nap girişi diye adlandırılır. Eğer su jeti yeterince uzunsa jetin merkez çekirdeği havalandırılmış olur ve jetin alt ve üst kısım arasındaki hava transferi gerçekleşir. Bu bölgeye tam havalandırılmış bölge denir. Böylece savak tabanına üst naptan da hava ulaşabileceği gibi havalandırıcıdan alt nap boyunca giren hava da dışarı çıkabilir.

Chanson [4, 27], havalandırma bölgesindeki farklı hava girişlerini tanımlamış ve süreklilik denklemini kullanarak aşağıdaki ifadeyi elde etmiştir:

$$Q_a^{\max} = Q_a^{üst} + Q_a^{alt} + (Q_a)_0 \qquad (3.28)$$

Burada; Q_a^{max}: Jetin sonundaki girmiş hava debisi, $Q_a^{üst}$: Jetin üst napından giren hava debisi, Q_a^{alt}: Jetin alt napından giren hava debisi (havalandırıcı tarafından sağlanan hava), $(Q_a)_0$: Saptırıcının (rampa) sonundaki başlangıç serbest yüzey havalandırmasıdır. Chanson [4], havalandırıcı üzerindeki su jetinin alt ve üst nap arasında kalan toplam hava girişini, hava konsantrasyonuna bağlı olarak (3.29) denklemiyle ifade etmiştir.

$$q_a^T = \int_{Y_{90}^L}^{Y_{90}^U} C.U_a.dy \qquad (3.29)$$

Burada, q_a^T: Alt ve üst nap arasında kalan birim hava debisini (m^3/s/m), Y_{90}^U, Y_{90}^L: Sırasıyla üst ve alt naplara yakın %90 hava konsantrasyonu için tanımlanmış karakteristik derinlikleri (m), C: Hava konsantrasyonunu, U_a: Ortalama hava hızını(m/s), y: Akıma dik değişen derinliği gösterir (m). Boyutsuz hava giriş oranı aşağıdaki denklemle tanımlanmıştır:

$$\beta^T = \frac{q_a^T}{q_w} = \frac{Y_{90}^U - Y_{90}^L}{d} - 1 \qquad (3.30)$$

Buradaki d karakteristik derinlik olup (3.31) denklemiyle hesaplanır [4, 15]:

$$d = \int_0^{Y_{90}} (1 - C)dy \qquad (3.31)$$

Akan bir akışkan için ortalama hava konsantrasyonundaki ortalama bir derinlik, (3.32) denklemiyle tanımlanabilir [15]:

$$d = (1 - C_o).Y_{90} \qquad (3.32)$$

Burada; C_o ortalama hava konsantrasyonudur.

3.5.6. Üst Nap Hava Girişi

Kavitasyon hasarını önlemek için yapılan hava ölçümlerinin çoğu alt nap üzerinde olmuştur. Bununla birlikte, su jeti boyunca artan türbülans ve atalet etkileri yüzünden üst serbest yüzeyden giren hava miktarı alt naptan giren hava miktarıyla aynı veya daha fazla olabilir. Bu yüzden üst nap hava girişi, dolusavak tasarımının önemli bir etkeni haline gelebilir [2]. Dolusavak şut profili üzerinde gelişen sınır tabakasının serbest yüzeyle birleştiği yerin mansabından itibaren serbest yüzey havalandırmasının başladığı kabul edilir [30]. Sınır tabakasının serbest yüzeye ulaşması için gerekli şut uzunluğu L_δ=100*h olarak alınabilir. Bu uzunluk $\delta = L_\delta * 0.08(L/k_s)^{-0.233}$ denkleminden de bulunabilir. Buradaki, L_δ: Sınır tabakasının yüzeye ulaşması için akım yönünde gerekli mesafe, h: akıma dik su derinliği, δ: sınır tabakası kalınlığı, k_s: kum çakıl çapına eşit yüzey pürüzlülüğüdür [3].

Havalandırma bölgesinde üst naptan giren hava miktarı teorik olarak Chanson [4] tarafından sunulan aşağıdaki denklemlerle belirlenmiştir:

$$q_a^U = \int_{Y_{C\min}^L}^{Y_{90}^U} C.U.dy \tag{3.33}$$

$$\beta^U = \frac{q_a^U}{q_w} = \frac{Y_{90}^U - Y_{C\min}}{d} - \frac{\int_{Y_{C\min}}^{Y_{90}^U} (1-C)dy}{d} \tag{3.34}$$

Denklem (3.33) ve (3.34)'deki, Y_{Cmin}: Jetin iç merkezinde belirlenen hava konsantrasyonunun minimum olduğu (C=C_{min}) akıma dik derinlik (Şekil 3.7), q_a^U:Üst naptan giren havanın birim debisi, β^U: Üst nap hava giriş oranı(veya katsayısı)dır. Bu denklemlerde, hava giriş miktarı yalnızca hava konsantrasyonun bir fonksiyonudur [4].

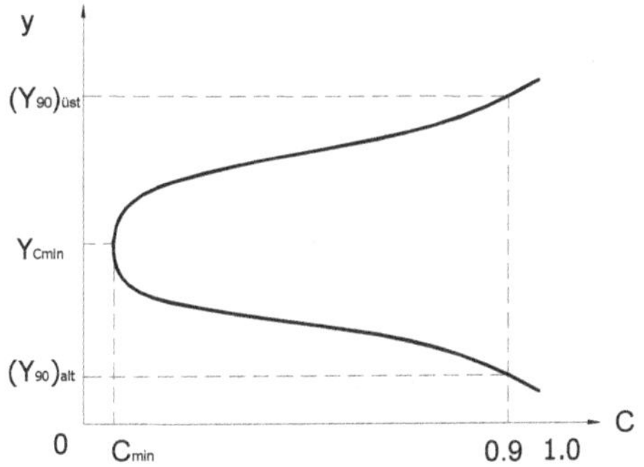

Şekil 3.7 Havalandırma bölgesindeki akıma dik hava konsantrasyonu dağılımı [4, 36]

Chanson [36], serbest yüzeydeki hava kabarcıklarının yayılım denklemini analiz etmiş ve üst nap hava girişinin teorik bir çözümünü vermiştir.

$$\frac{Q_a^U}{Q_w} = K_0\left[\frac{L_x}{h_0}\tan\psi^U - 2\frac{(Q_a)_0}{Q_w}\ln\left(1+\frac{1}{2}\frac{\tan\psi^U}{(Q_a)_0/Q_w}\frac{L_x}{h_0}\right)\right] - 0.90\frac{L_x}{h_0}\frac{u_r}{(U_w)_o}\cos\alpha \tag{3.35}$$

Burada; Q_a^U: Üst naptan giren havanın debisi (m^3/s), Q_w: Su debisi (m^3/s), L_x: Saptırıcı sonundan itibaren yatay uzunluk (m), u_r: Negatif alt basınç dağılımına maruz hava kabarcıklarının yükselme hızı[6] (m/s), U_w: Su hızı (m/s), h_o: Saptırıcı sonundaki su derinliği (m), $(U_w)_0$: Saptırıcı sonundaki ortalama su hızı (m/s), ψ^U: Jetin yayılma açısı olup 0.75^o alınabilir [36]. K_0=0.1755 olarak verilmiştir.

Chanson [4], havalandırma bölgesinde su jetinin üst naptan giren havanın ölçülmesinin mümkün olmadığını öne sürmüştür. Oysa üst naptan giren hava miktarı deneysel olarak Kökpınar ve Göğüş [22] tarafından ölçülmüştür. Model deneyleri sonucunda, üst nap hava girişi için aşağıdaki ampirik denklem önerilmiştir [22].

$$(\beta_{üst})_e = 0.0278(Fr)^{0.60}\left(1+\frac{t_r}{h}\right)^{2.13}(1+\tan\alpha)^{0.48} \tag{3.36}$$

Buradaki e indisi denesel sonuçları ifade eder. Bu denklem bazı limitler için verilmiştir: $0^o \le \theta \le 5.71^o$; $0 \le \tan\alpha \le 0.57$; $3.40 \le Fr \le 12.36$; $0 \le t_r/h \le 0.4$. Toplam hava giriş oranı $\beta = \beta_{alt} + \beta_{üst}$ şeklinde hesaplanabilir [22].

3.6. Hava Çıkışı

Deneysel sonuçlar çarpma bölgesinde kuvvetli bir hava çıkışı olduğunu göstermiştir. Fakat bu bölgedeki hava çıkışını ölçmek için yeni ölçüm aletleri geliştirilmesi gerekliliği vurgulanmıştır [4].

Chanson [36] tarafından, hava çıkış işleminin öncelikle kanal tabanı ve jetin çarpma açısına bağlı olduğu bulunmuştur:

$$\frac{Q_a^{deaeration}}{Q_a^{\max}} = 0.0762(\theta_i - \alpha) \tag{3.37}$$

Burada; θ_i: Su jetinin tabana çarpma açısı (derece), α: Kanal eğimi (derece), $Q_a^{\max}$: Jetin sonundaki akıma karışmış hava miktarı, $Q_a^{deaeration}$: Akımdan çıkan hava miktarıdır. Çarpma açısı jet yörünge denklemi kullanılarak hesaplanabilir. Çarpma bölgesinin sonundaki akım havalandırması ise, $Q_a^{\max} - Q_a^{deaeration}$ ile hesaplanabilir. Buna göre çarpma bölgesinin sonundaki ortalama hava konsantrasyonu (3.38) denklemiyle ifade edilmiştir:

$$C^* = \frac{Q_a^{\max} - Q_a^{deaeration}}{Q_w + Q_a^{\max} - Q_a^{deaeration}} \tag{3.38}$$

---

[6]Chanson'un [12] Comolet(1979)'dan aktardığı ve Appendix 2'de elde edilen formülden u_r hesaplanabilir.

Deneysel sonuçlar göstermiştir ki, jet boyunca akım havalandırmasının maksimum %80'i çarpma bölgesinde kaybedilebilir. Hava çıkış miktarı Denklem (3.37)'de anlaşılacağı gibi çarpma ve kanal tabanı açısına bağlı olarak artacağından, sadece eşikli veya daha düz rampalı havalandırıcılar tasarlanarak çarpma açısının azaltılması tavsiye edilir [36]. Saptırıcının sonundan 1.5L_j uzaklıkta mansap bölgesi akımının başladığı kabul edilir. Bu durumda mansap bölgesindeki akım kendi kendine havalanan akım tanımlamasına uyduğu belirtilmiştir [36].

3.7. Jet Uzunluğu

Havalandırıcı tarafından oluşturulan su jetinin yörüngesi, hava giriş kapasitesi ve boşluk altbasıncı gibi havalandırıcının kapasitesini doğrudan ilgilendiren karakteristiklerin belirlenmesinde önemli rol oynar. Jet uzunluğu iki boyutlu çevrintisiz akım teorisinden hesaplanabileceği gibi deneysel ve sayısal yöntemlerle de hesaplanabilir. Tan [11], jet uzunluğu üzerinde basınç sayısının etkisini dikkate alan bir yaklaşım sunmuştur.

$$P_N = \frac{\Delta P}{\rho_w g h} \tag{3.39}$$

Burada; P_N: Boyutsuz basınç sayısı, ΔP: Atmosfer basıncı ile boşluk alt basıncı arasındaki fark (N/m^2), ρ_w: Suyun yoğunluğu (kg/m^3), h: Yaklaşan akım derinliği(m)'dir. Tan [11] tarafından önerilen metotta P_N sayısı ölçülebilen veya hesaplanabilen bir niceliktir. Bu metotta jetin alt nap yörüngesi katı bir parçacık tarafından şekillendiği farz edilir. Jetin uçma zamanı rampa ve eşik kombinezonlu havalandırıcı için eğik atış prensibine göre literatürde şu bağıntılar ile tanımlanmaktadır:

$$t = \frac{U \sin\theta}{g(\cos\alpha + P_N)}\left[1 + \sqrt{1 + 2(t_r + t_s)\frac{g(\cos\alpha + P_N)}{(U\sin\theta)^2}}\right] \tag{3.40}$$

Sadece eşikli havalandırıcılar için ise Denklem (3.41) önerilmiştir.

$$t = \sqrt{\frac{2t_s}{g(\cos\alpha + P_N)}} \tag{3.41}$$

Burada; U: Ortalama akım hızı (m/s), α: Şut kanalı eğim açısı, θ: Rampa eğim açısı, t_r: Rampa yüksekliği (m), t_s: Eşik yüksekliği(m)'dir. Uçuş zamanı denklemi kullanılarak yörünge denklemi aşağıdaki şekilde ifade edilebilir:

$$L_j \frac{g \sin\alpha}{2} t^2 + U(\cos\alpha)t = 0 \tag{3.42}$$

Boyutsuz jet uzunluğu $\lambda_j = L_j/h$ olarak tanımlanır ki burada; L_j: Jet uzunluğu(m), h: Yaklaşan akımın derinliğidir (m). Boyutsuz jet uzunluğu teorik olarak sıfır boşluk altbasıncı için bulunmuştur [16]:

$$\lambda_j = F_r^2\bar{\theta}\left(1+\bar{\theta}\tan\alpha\right)\cos^{-1}\alpha\left[\left(1+2T\frac{\cos\alpha}{\left(\bar{\theta}F_r\right)^2}\right)^{1/2}+1\right]+T\tan\alpha \qquad (3.43)$$

Sadece eşik bulunması durumunda [16];

$$\lambda_j = \left(2T\cos^{-1}\alpha\right)F_r + T\tan\alpha,\ \bar{\theta}=0 \qquad (3.44)$$

denklemi kullanılır. Yukarıdaki parametre tanımlamalarına ek olarak burada; $T=(t_r+t_s)/h$ ve $\bar{\theta}$: sıçratma açısı olup $\bar{\theta}=\theta\sqrt{\tanh\left(t_r/(h\theta)\right)}$ ile hesaplanır. Atmosferik nap altı basınçlar için maksimum jet uzunluğu aşağıdaki gibi hesaplanabilir [16, 41]:

$$\lambda_{max} = \frac{F_r^2\bar{\theta}}{\cos\alpha}\left[1+\sqrt{1+\frac{2T\cos\alpha}{\left(\bar{\theta}F_r\right)^2}}\right] \qquad (3.45)$$

Kökpınar ve Göğüş [22] tarafından yürütülen model deneylerinden elde edilen 231 data ile regresyon analizinden boşluk jet uzunluğu için aşağıdaki ampirik bağıntı %88 korelasyonla elde edilmiştir:

$$\left(\frac{L_j}{h}\right)_e = 0.28(Fr)^{1.75}(1+\theta)^{0.22}\left(\frac{t_r+t_s}{h}\right)^{0.44}\left[(1+\tan\alpha)\frac{A_a}{A_w}\right]^{-0.087} \qquad (3.46)$$

Burada; A_a: Hava giriş ağzının kesit alanı (m^2), A_w=B*h olmak üzere yaklaşan akımın enkesit alanıdır (m^2). Bu denklem için bazı limitler verilmiştir: $5.56 \leq Fr \leq 10.00$, $0.198 \leq (t_r+t_s)/h \leq 1.985$, $0 \leq \theta \leq 9.45°$, $0 \leq \tan\alpha \leq 1.25$ ve $0.00684 \leq A_a/A_w \leq 1$. Bu denklem Tan'ın [11], hesap değerleriyle karşılaştırılmış ve iyi bir uyum gözlenmiştir [22]. Pratik uygulamalarda jet uzunluğunun belirlenmesi için (3.46) denklemi önerilebilir.

3.8. Hava Sağlama Sistemi

Havalandırıcılar, kanal tabanından yükseltilen su jetinin altındaki altbasınç bölgesine hava sağlayacak baca elemanları içerir. Bu bacalar genelde şut kanallarının kenar duvarları üzerine düşey olarak yerleştirilir. Havalandırma bacaları, kanal enkesiti profili boyunca yeterli ve üniform havayı sağlayacak genişlikte tutulmalıdır. Havanın, jet altındaki atmosfer altı basınç bölgesi boyunca akıma dik doğrultuda ilerlemesi için kanal genişliğince saptırıcının hemen mansabında bir oluk yerleştirilebilir. Havalandırma bacaları içindeki akım genelde bir boyutlu olarak kabul edilir.

Nap altındaki atmosfer altı basınçlar hava giriş oranına ve hava bacasının sürtünme direncine bağlıdır. Eğer baca kapalı tutulursa basınç farkı maksimuma ulaşırken hava girişi sıfır olur [43]. Havalandırma bacaları yeterli hava girişini sağlayacak boyutlarda tasarlanmaz ise jet altındaki atmosfer altı basınçlar fazla düşer ve havalandırıcı batık hale gelebilir. Bu konu "*Batık Havalandırıcılar*" başlığı altında incelenmiştir.

Havalandırma bacalarındaki hava hızları maksimum bir değeri aşamaz. Dolayısıyla bir havalandırıcı tarafından sağlanacak hava miktarı bir limit hızla sınırlı olacaktır. Bu konuda bazı araştırmacılar farklı yorumlar getirmiştir. Besleme bacalarındaki hava hızının 50 m/s'yi aşamayacağı ve ayrıca, hızların 100 m/s'yi aşması halinde havanın sıkıştırılabilir özelliği nedeniyle hava giriş analizlerinin doğruluğunun etkilenebileceği belirtilmiştir [1]. Maksimum müsaade edilebilecek hava hızı Eccher ve Siegenther (1982) tarafından 60 m/s olarak verilmiştir [1]. Benzer şekilde Volkart ve Rutschmann [18], maksimum hava hızının 60~80 m/s ile sınırlandırılması gerektiğini ifade etmişlerdir. Echavez ve Bourguett (1986), sıkıştırılabilir etkilerden sakınılabilmesi durumunda maksimum hava hızının 120 m/s olarak alınabileceğini belirtmişlerdir [1]. Rutschmann ve Volkart [37] göre ise bu limit değer 100 m/s olarak alınmalıdır. Bununla birlikte hava akım hızı burada belirtilen üst sınırların altında tutulmalıdır. Muhtemel akım düzensizlikleri ve sıkıştırma şoklarından ayrı olarak, işletmesel sesler de önerilen üst hız limitlerinde oldukça belirgin olacaktır [37].

Bir hava sağlama sistemindeki yüksek hızlı hava akımlarının olumsuz etkilerinin giderilebilmesi için besleme elemanları (bacalar, galeriler gibi) yeterince geniş tutulmalıdır.

3.9. Boşluk Alt Basınçları

Rutschmann ve Volkart [37] ve Rutschmann [39] şut kanalı genişliği boyunca boşluk alt basınçlarının değişimini incelemişlerdir. Euler sayısının 50'den daha büyük olduğu durumlarda havalandırıcı su jetinin nap altı basınçlarından etkileneceği ifade edilmiştir [6]. Verilen bir Froude sayısı için, hava debisinin azalması nap alt basınçlarının artmasına neden olacağı belirtilmektedir [24, 36].

Yan havalandırma bacasının jet altını beslediği ağzındaki basınç, yan bacalar boyunca enerji kayıpları ve havanın hız yüksekliğinin toplamı kadar atmosfer altı olacaktır. Kanal genişliği boyunca havalandırma oluğunun merkez çizgisindeki basınç farkları, baca ve oluktaki yük kayıplarına eşittir (Şekil 3.8). Kenar bacalar boyunca basınç farkı Denklem (3.47)'de ifade edilebilir [18].

$$\Delta P_C = \xi_{tot} \frac{1}{2} \rho_a \left[\frac{Q_{TA}}{2A_{SD}} \right]^2 \tag{3.47}$$

Burada, ρ_a: Havanın yoğunluğu, Q_{TA}: Toplam hava debisi, A_{SD}: Baca giriş alanı, ξ_{tot}: Kenar bacalar boyunca yük kaybı katsayısıdır. ξ_{tot} değeri farklı hava giriş bacaları için verilmiştir: 90^0 yuvarlatılmış dirsek ve çan ağız için 0.5, 90^0 yuvarlatılmış dirsekli ve dik köşeli ağızlar için 1.0, yuvarlatılmamış dirsekli ve dik köşeli ağızlar için 2.0 olarak alınabilir [18].

Jet altındaki boşluk veya oluklar boyunca sürtünme kayıpları genelde ihmal edilebilir, ancak boşluk boyunca hız yüksekliğinden kaynaklanan basınç değişimleri önemlidir. Bununla birlikte, çok geniş açıklıklı dolusavaklar için bu durum ters çevrilebilir. Yani kanal genişliği boyunca boşluk veya oluktaki sürtünme kayıpları önemli olabilir. Bu durumda genişlik boyunca boşluk alt basınçlarındaki değişim eğrisi ters çevrilir. Şekil 3.8'de herhangi bir x noktasında Bernoulli denklemi yazılırsa Denklem (3.48) elde edilir [18]:

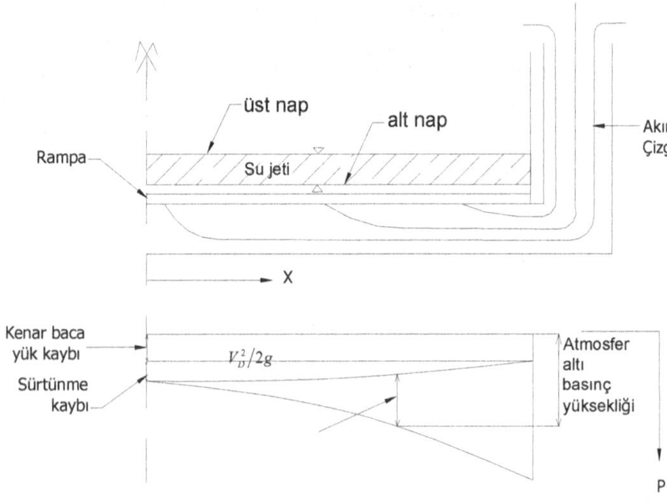

Şekil 3.8 Bir havalandırıcı jeti altındaki basınçlar [18]

$$Q_a(x) = A_D\left[\frac{2(\Delta P(x) - \Delta P_C)}{\rho_a}\right]^{0.5} \tag{3.48}$$

Burada; $Q_a(x)$: x eksenine göre hava bacasının hava ihtiyaç debisi (m^3/s), ΔP_C: Kenar bacalar boyunca basınç kaybı (N/m^2), $\Delta P(x)$: x eksenine göre altbasınçlar (N/m^2), A_D: Havalandırıcı oluğunun enkesit alanı (m^2), ρ_a: Havanın yoğunluğu (kg/m^3), V_D: Su jeti altındaki boşlukta akıma dik ilerleyen hava hızı (m/s). Bu denklemden, herhangi bir x mesafesindeki basınç farkını hava debisine göre bulmak için $\Delta P(x)$ çekilebilir.

Bir basamak veya rampa sayesinde su jetinin dolusavak tabanından ayrılması, su jetinin altında lokal alt basınca sahip bir hava boşluk bölgesinin oluşumuna yol açar. Bu alt basınç bölgesi havalandırıcı performansında önemli rol oynar. Demiröz'ün [42] datalarıyla Kökpınar ve Göğüş [22] tarafından yürütülen regresyon analizi sonucu basınç sayısını veren Denklem (3.49) elde edilmiştir [22]:

$$(P_N)_e^{1/4} = \Phi' \ln\left[\left(\frac{L_j}{h}\right)^2 (1+\tan\alpha)^{3.5}\left(\frac{A_a}{A_w}\right)^{-0.9}\right] + \Phi'' \quad (3.49)$$

Burada; Φ' ve Φ": Deneysel katsayılardır. Φ'=0.0733 ve Φ"=-0.1033 değerleri 0.91 korelasyon katsayısıyla elde edilmiştir. Bu denklem için de bazı limitler verilmiştir: $1.095 \leq L_j/h \leq 30.06$, $0.3 \leq \tan\alpha \leq 1.25$, $0.00684 \leq A_a/A_w \leq 0.447$ ve $4.31 \leq Fr \leq 8.73$ [22]. Bu denklemdeki L_j/h önemli bir boyutsuz parametredir. Bu parametre, temsil ettiği tüm bağımsız değişkenleri içermiş olur. Boyutsuz jet uzunluğu (L_j/h) arttıkça P_N sayısı da artar. Bununla birlikte P_N boşluk alt basınç sayısı *tanα* ile doğru, A_a/A_w ile ters orantılıdır. Denklem (3.49) bazı prototip ölçüm sonuçlarıyla karşılaştırılmış ve ölçek etkilerinin giderilmesi için aşağıdaki düzeltme yapılmıştır [22].

$$(P_N)_p = \varphi'(P_N)_e + \varphi'' \quad (3.50)$$

Buradaki *e* indisi deneysel, *p* indisi ise prototip ölçümlerini ifade eder. φ' ve φ'' regresyon analizinden belirlenen katsayılardır. Guri barajının prototip dataları kullanılarak φ'=10.402 ve φ''=-0.087 değerleri 0.99 korelasyon katsayısıyla elde edilmiştir [22].

Yüksek rakımlarda yer alan havalandırıcıların performansları düşük atmosfer basınçlarından etkilenir. Atmosfer basıncının azalması giren hava debisini arttırır [24].

3.10. Havalandırıcının Yeri ve Aralığı

Potansiyel kavitasyonun meydana gelebileceği yerlerdeki havalandırma ihtiyacına uygun olarak dolusavak şut kanalı boyunca havalandırıcılar yerleştirilmelidir. Prensipte ilk havalandırıcı, muhtemel kavitasyon hasarının olabileceği ilk yerin mansabına yerleştirilir. Birçok bakımdan ilk havalandırıcının yerinin çok kritik olduğu belirtilmektedir.

Bazı araştırmacıların yüzey havalandırmasının önemli olduğunu vurgulamalarına rağmen, yalnızca yüzeyden doğal havalandırma olması durumunda yeterli hava konsantrasyonunun şut tabanına asla ulaşmayacağı belirtilmiştir [1]. Akım tabanına yakın bölgelerde yeterli hava konsantrasyonunu sağlayacak şekilde havalandırıcılar yerleştirilmelidir. Dolusavak yüzeyine yakın hava konsantrasyonu minimum miktarın (C_{min}=%5~10) altına düştüğü zaman dolusavak yüzeyi kavitasyon hasarından korunamayacaktır. Bu oran ortalama hava konsantrasyonunun C_o=%30'un altı anlamına gelir [15]. Chanson'a [15] göre, nispeten dik dolusavaklarda ($\alpha > 20^o$) eğim azaltılmadıkça ek havalandırıcılara gerek duyulmaz. Ancak şut kanalının eğimi 20°'den küçükse, ortalama hava konsantrasyonun %30'un altına düştüğü yerlerde ek havalandırıcılar kullanılarak akım tekrar havalandırılmalıdır [15]. Abbasoğlu ve Okay'a [3] göre, rölatif hava giriş oranının (β) %2'nin altına düştüğü yerde tekrar havalandırmaya ihtiyaç duyulur. Uygun bir hava konsantrasyonu sağlansın diye denge hava konsantrasyonu yeterli derecede yüksek tutulmalıdır.

Oskolkov ve Semenkov'a [32] göre, bir havalandırıcının mansabındaki hava konsantrasyonu akım yönünde her metrede yaklaşık %0.2~0.4 oranında azalır. Bratsk barajı üzerindeki bir çalışmada, yaklaşık olarak birim metrede %1 azalmanın olduğu gösterilmiştir [1]. Diğer bir çalışmada, ortalama hava konsantrasyonunun şut kanalı boyunca birim metrede %0.5 oranında azaldığı, tabana 1.0cm yakın bölgede bu oranın 1.5~2 kez daha fazla olacağı belirtilmiştir [6].

Fikir vermesi bakımından havalandırıcı aralıklarıyla ilgili işletmedeki bazı dolusavak havalandırıcılarından örnekler verilebilir: 400m uzunluğundaki Foz do Areia barajı dolusavağı üzerindeki havalandırıcı aralığını 72 ve 90m; 330m uzunluğunda, %18 eğimli Emborcacao barajında havalandırıcı aralığı 103m, Venezüella'daki Guri barajı üzerinde havalandırıcı aralıkları ise 50~150m arasında verilmiştir. 100m uzunluğundaki Bratsk dolusavağında yalnızca bir havalandırıcı kullanılmıştır. İyi tasarlanmış bir havalandırıcının 50~100m aralıklarla yerleştirilmesi gerektiği belirtilir. Böylece şut kanalı boyunca beton taban kavitasyon hasarından korunabilir [6]. Nurek barajı dolusavağında her 20m de bir olmak üzere toplam 7 havalandırıcı bırakılmış ancak havalandırıcı sayısının çok olduğu düşüncesiyle bazıları kaldırılmıştır. Keban barajı dolusavağı üzerindeki kuzey ve orta şut kanallarındaki birinci ve ikinci havalandırıcı arasındaki mesafe 81.31m, diğer havalandırıcılar arasındaki mesafe ise 90m olarak tasarlanmıştır.

Vischer ve diğerleri [44] tarafından yürütülen model deneyleri sonucu havalandırıcı aralığı ile ilgili aşağıdaki bağıntı verilmiştir:

$$D_a = 1.1U \qquad (3.51)$$

Burada; D_a: havalandırıcı aralığı (m), U: Ortalama akım hızıdır (m/s).

Farklı araştırmacıların sonuçlarından çıkartılacak bir kural olarak; gerekli havalandırıcı aralığı ortalama akım hızının yaklaşık iki katı alınabilir. Bu değer en azından tasarımda ilk yaklaşım olarak kullanılabilir.

3.11. Batık Havalandırıcılar

Su jeti altındaki atmosfer altı basınçların aşırı düşmesi sonucu, bir havalandırıcı üzerindeki su jetinin alt napı şut tabanına yapışır. Bu durum batık havalandırıcı olarak tanımlanır ve havalandırıcının havalandırma performansını oldukça düşürür. Batık havalandırıcılar kaçınılması gereken bir durumdur. Genelde hava girişleri tarafından alt nap bölgesine yeterli hava sağlanamaması durumunda batık havalandırıcı olayı gerçekleşir.

Klasik bir havalandırıcıda, bir eşik ve/veya rampa ile kanal tabanından saptırılan su jeti altındaki boşlukta atmosfer altı basınçlar meydana gelir. Nap altındaki alt basınç bölgesini atmosfere bağlayan bacalardan, basınç farkından dolayı hava emilerek akıma karışır. Doğal bir havalandırma mekanizmasına sahip bu tür havalandırıcılar oldukça etkin çalışırlar. Ancak, Froude sayısının, boyutsuz saptırıcı ve rampa yüksekliklerinin belirli limitler altında olması, hava sağlayıcı bacaların kesitinin yetersiz kalması veya şut kanalı genişliğinin çok fazla olması gibi nedenlerden dolayı su jeti altındaki boşluk altbasınçları çok fazla düşebilir ve havalandırıcı batık hale gelebilir. Yapılan CFD analizlerinde, özellikle geniş açıklıklı dolusavak şut kanallarındaki havalandırıcıların, kanal genişliği boyunca üniform bir hava karışımı sağlamadığı ve yeterli hava sağlanamadığı takdirde kanalın özellikle orta bölgelerinde basıncın çok fazla düşerek batık hale gelebildiği görülmüştür.

Düşük Froude sayıları veya düşük kanal eğimleri için havalandırıcı tarafından sağlanan hava debisi sıfır olduğu zaman havalandırıcı batık hale gelmiş demektir. Yüksek Froude sayıları ve yüksek eğimlerde havalandırıcı girişleri kapalı olsa bile havalandırıcı batık olmayabilir. Bu durumda boşluk geometrisi, alt basınçlar ve Froude sayıları ile karakterize edilebilir. Chanson [24], hava girişlerinin sıfır olduğu durum için (Q_{air}=0), yüksek Froude sayılarında basınç sayılarının Froude sayısı ile değişimini incelemiş ve batık havalandırıcı durumunu belirleyecek bir kritik Froude sayısı (F_r^{sub}) ve minimum basınç sayısı (P_N^{min}) tanımlamıştır. Chanson'a [24] göre, boşluk alt basınçları çok fazla düşerse havalandırıcı batık hale gelir ve havalandırma işlevini gerçekleştiremez.

Batık bir havalandırıcı durumu Pinto ve diğ. [6], tarafından da tanımlanmıştır. Sıfır altbasınç (ΔP=0) için rölatif jet uzunluğunun yaklaşık, L/h<5 olması durumunda havalandırıcının batık olacağı belirtilmiş ve bu durumdan bir şekilde kaçınılması gerektiği vurgulanmıştır. Rutschmann [39], sadece az eğimli bir rampanın kullanıldığı bir havalandırıcının büyük alt basınçlarda daha etkili olabileceğini fakat havalandırıcının batık çalışabileceğini belirtmiştir. Rampasız, sadece bir eşik kullanılarak tasarlanan bir havalandırıcıda rölatif basamak yüksekliği ($Ts=t_s/h$) dikkate alındığında ise; Ts<0.6 olması durumunda havalandırıcının batık çalışacağı belirtilmiştir. Rutschmann, Froude sayısının Fr<6 olması durumunda havalandırıcının batık hale geldiğini ifade etmiştir [16]. Eğer havalandırıcı tarafından oluşturulan hava ihtiyacı hava sağlama sisteminin kapasitesinin çok üstüne çıkarsa atmosfer altı basınçların azalmasıyla su jeti kanal tabanına yapışır ve havalandırıcı suyla dolar. Bu bölgede kavitasyon meydana gelebilir. Batık bir havalandırıcının performansı düşüktür ve üniform bir hava karışımı sağlamaz. Mümkün olduğu kadar üniform bir hava dağılımı ve en büyük hava debisi sağlamak için havalandırıcı boşluk alt basınç farklarının minimize edilmesi gerekir. Batık bir havalandırıcının düşük bir Froude sayısında bile kavitasyon riski oluşturabilir, bu nedenle bir havalandırıcı tasarlandığı zaman boşluk altbasınçlarına özel ilgi gösterilmesi gerekir [1, 24, 25] . Yeterince geniş bir hava sağlama bacasıyla boşluk alt basınçları minimize edilebilir. Ancak çok geniş dolusavaklar için yine de şut kanalı tabanına yakın hava karışımının üniform dağılımı sağlayamayabilir.

Bu açıklamalar doğrultusunda anlaşılacağı gibi, daha önceki araştırmalarda batık havalandırıcı durumu tanımlanmış ancak bunun üzerine yeterince çalışma yapılmamıştır. Sadece bu durumdan kaçınılması gerektiği belirtilmiştir. Havalandırıcı tamamen batık hale gelmese bile özellikle geniş dolusavak kanallarında klasik tip havalandırıcılar üniform bir hava karışımı sağlamayabilir. Bacalardan giren hava, bacaların giriş ağzına yakın yerlerde daha fazla karışır ve kanalın ortalarına doğru yeterli hava karışımı sağlanamayabilir. Bundan dolayı, ortalardaki altbasınçların oldukça düşmesi sonucu orta kesimler tamamen batık hale gelebilir. Bu durumda kavitasyon hasarı oluşabilir.

İyi bir havalandırıcı tasarımı, batık olmamalı ve tüm dolusavak genişliği boyunca üniform bir hava karışımın sağlamalıdır [18]. İleri bölümlerde anlatılacak olan *Alttan Alışlı Havalandırıcılarla* batık çalışma riski klasik havalandırıcılara göre azaltılabilir. Bu havalandırıcılar ile ilgili detaylı bilgi 6. Bölümde verilmiştir.

4. Sayısal Yöntemler

Barajların emniyet yapıları olan dolusavakladaki akımlar inşaat mühendisliği açısından en önemli serbest yüzseyli akım problemlerinden biridir. Basınçlı boru akımları gibi tek fazlı akım problemlerinin yanında hava-su fazlarının birlikte dikkate alınması gereken açık kanal akımları veya serbest yüzeyli akım problemlerinin sayısal modellenmesi mathematiksel ve sayısal açıdan oldukça karmaşıktır. Faklı akım rejimlerine göre serbest yüzeyin alacağı şeklin hesaplanması, zamana bağlı değişmesi, sabit bir sınır olarak alınamaması, türbülans etkileri, sınır tabaka gelişimi gibi parametreler bu tür problemlerin sayısal modellemesini zorlaştıran etmenlerdir.

Akışkanların dinamik modellemesinde kullanılan sayısal yöntemler şunlardır:

- Sonlu Elemanlar Yöntemi
- Sonlu Farklar Yöntemi
- Sınır Elemanlar Yöntemi
- Fuzzy, Bulanık Mantık

Akışkanların sayısal modellemesinde kullanılan en etkili ve yaygın yöntem sonlu elemanlar yöntemidir. Bu yöntem, havalandırıcı tasarımında genelde boşluk jet uzunluğunun tahmini için uygulanmıştır [1]. Soulis [45], iki boyutlu, homojen, sıkıştırılamaz, viskoz, sürtünmesiz ve akım boyunca hidrostatik basınç dağılımı olduğu kabullerini yaparak, bir açık kanaldaki serbest yüzeyli akımı sonlu elemanlar ve sonlu farklar yöntemlerini birleştirerek modellemiştir. Sıkıştırılamaz ve zamanla değişen serbest yüzeyli akımların modellenmesi için Güler ve diğ. [46] tarafından iki ve üç boyutlu bir paralel sonlu elemanlar metodu geliştirilmiştir. Önerilen metotla serbest yüzeyin şekli hareketli ağ modelleme (moving mesh) ile belirlenir. Güler ve diğ.'nin [46] çalışmalarında, bir dolusavak üzerindeki ve silindir bir ayak çevresindeki akımlar oldukça başarılı şekilde modellenmiştir (Şekil 4.1). Bir dipsavak çıkışındaki su jetinin serbest yüzey profillerinin ve hız ve basınç dağılımlarının hesabı için iki boyutlu bir sonlu elemanlar metodu Daneshmand ve diğ. [47] tarafından sunulmuştur. Problemi çözmek için değişken ve sabit alanlı sonlu elemanlar yönteminin bir kombinezonu kullanılmıştır.

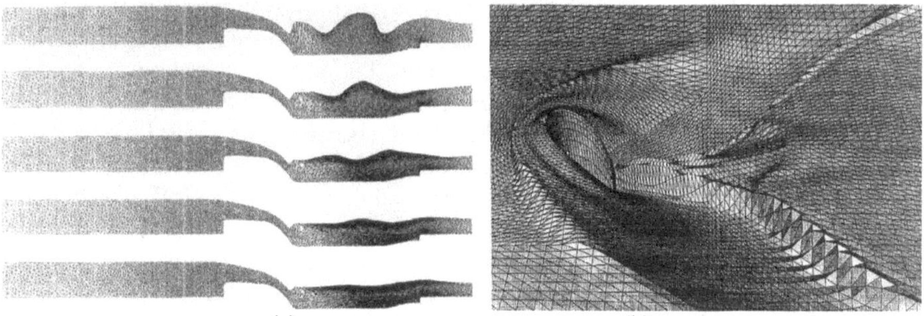

(a) (b)

Şekil 4.1 a) Bir dolusavak üzerindeki iki boyutlu (2D) serbest yüzeyli akım **b)** Bir silindir ayak çevresindeki üç boyutlu (3D) serbest yüzeyli akım [46]

Deneme yanılma yöntemlerinin yerine direkt bir matematiksel yaklaşımla dolusavakların tasarımını desteklemek ve dolusavak profilini optimize etmek amacıyla Henderson ve diğ. [48] tarafından Sınır Elemanlar Yönteminin kullanıldığı bir model sunulmuştur. Dolusavak üzerindeki serbest yüzeyli akım, rotasyonel ve vizkoz olmayan, iki boyutlu, homojen, sıkıştırılamaz, zamanla değişmeyen akım olarak kabul edilmiştir. Debi ve serbest yüzeyi tanımlamak için Laplace ve Bernoulli Denklemleri kullanılmıştır [48].

Lee ve Hoopes [20], dolusavaklar üzerindeki kavitasyon hasarını tahmin etmek için bir Fuzzy matematik modeli kullanmıştır. Bu modelde kavitasyon hasarına etki eden kavitasyon indeksi, akım hızı, malzeme direnci ve işletme zamanı dikkate alınmıştır. Matematik model Glen Canyon Barajı sağ ve sol tünel dolusavağı üzerinden alınan datalarla karşılaştırılmış ve uygun sonuçlar elde edilmiştir [20].

Serbest yüzeyli akımlarla ilgili geçmişteki sayısal model çalışmalarında şu eksiklikler dikkati çekmektedir:

- Modeller birçok kabul ve kısıt içermektedir.
- Modeller çoğunlukla özel problemlerle sınırlıdır.
- Geliştirilen yöntemler genelde uygulamaya dönük değildir.
- İşlem zorluğu nedeniyle genelde iki boyutlu çalışılmıştır.
- Önerilen sayısal yöntemler akımın sadece serbest yüzey, hız ve basınç gibi karakteristiklerini belirlemekte, hava-su karışımı gibi çok fazlı akım olayının analizine olanak sağlamamaktadır.

CFD analizleriyle çok fazlı (hava-su gibi) akım problemlerinin incelenmesine olanak sağlayan yazımlarla ilgili detaylar ileride ayrı bir başlıkta anlatılacaktır.

4.1. Havalandırıcıların Sayısal Modellemesi

Havalandırıcı tasarımında çoğunlukla fiziksel hidrolik modeller kullanılır. Şimdiye kadar az da olsa akım havalandırması üzerinde bazı sayısal modellemeler kullanılmıştır. Hoopping ve Hoopes (1988) karışım teorisini kullanarak bir matematik model geliştirmiş ve bu modelle akım havalandırmasını incelemiştir [1]. Bu araştırmacılar Aviemore Barajı ve labaratuar modelleri üzerinde bazı araştırmacıların ölçümleriyle modellerini test etmişlerdir [1]. Zarrati [49] tarafından yapılan bir çalışmada, bir dolusavak havalandırıcısının hava çıkış bölgesinde akım profillerinin hava konsantrasyonunu tahmin etmek için kütle ve momentum korunum denklemleriyle bir matematik model geliştirilmiştir. Sonuçların yapılan deneylerle uyumlu olduğu görülmüştür. Havalandırıcıların tasarımı için sayısal yöntemlerin yeterli olmadığı ve daha fazla çalışmaya ihtiyaç olduğu belirtilmiştir [1]. Günümüzde, çok fazlı ve serbest yüzeyli akımlar için sayısal yöntemlerin geliştirilmesine rağmen havalandırıcılar üzerinde henüz yeterli ve güvenilir çalışmaları yoktur. Yapılan bu çalışmada, hidrolik uygulamalarda sayısal modellemenin de fiziksel modeller kadar güvenilir olabileceği ve hatta fiziksel modellere karşı bazı avantajlarının olduğu da tartışılmıştır. Böylelikle, havalandırıcılar gibi hidrolik problemlerde sayısal modellerinin (CFD) kullanımı teşvik edilmeye çalışılmıştır.

Dolusavak havalandırıcıları hava-su karışımı içeren çok fazlı serbest yüzeyli akımlardır. Bu akımların sayısal modellemesi oldukça zor olmasına rağmen gelişen sayısal yöntemlerin, hızlı ve yüksek kapasiteli bilgisayar sistemleriyle birleşmesi sayesinde karmaşık üç boyutlu sayısal modeller günümüzde mümkün olabilmektedir.

4.2. CFD Yazılımları

Hesaplamalı Akışkanlar Dinamiği (Computational Fluid Dynamics-CFD) ileri düzey bir konudur. Akışkanların dinamiğini belirlemek için, temel bünye denklemlerinin yanında ve deneysel sonuçlardan yola çıkılarak geliştirilmiş bazı matematiksel modellerden de yararlanılabilir. Bu yöntemlerin sayısal çözümlemesi karmaşık modeller için ancak bilgisayar desteği ile mümkün olabilmektedir. Sonlu elemanlar ve hacimler gibi sayısal yöntemler kullanılarak geliştirilen matematik modeller, bilgisayar desteği ile çok hızlı ve etkili bir şekilde çözülebilir. Hidrodinamik problemlerin birçoğu üç boyutlu (3B) olarak düşünülmesi gerekirken, önceleri yapılan çalışmaların birçoğunda işlem ve zaman zorluğu nedeniyle iki boyutlu modellerle çalışılmıştır. 3B modellerle hassas çzüm yapabilmek için çok fazla hücre içeren ağ yapısına ihtiyaç vardır. Eleman sayısının yanında uygulanan meşin kalitesinin de çözümler üzerinde önemli etkisi vardır. Günümüzdeki paralel işlemci teknolojisine sahip yüksek kapasiteli çözüm bilgisayarlarıyla yardımıyla çok fazla elemanlı sayısal modellerin çözülmesi mümkün olabilmektedir. Bu modelleme ve çözümlemeler için bazı üniversiteler ve araştırma kuruluşlarında çözüm ağları oluşturulmuştur.

Çok fazlı ve serbest yüzeyli akımlar gibi problemlerin sayısal analizlerinin yapılabilmesi için yazılım şirketleri Çok Fazlı Model (*Multiphase Model*), Akışkan Hacmi (*VOF - Volume of Fluid*) Modeli gibi CFD modelleri geliştirmiştir. Dolusavak havalandırıcılarındaki hava girişi olayı çok fazlı akımlara bir örnektir. Bu nedenle, bu çalışmada dikkate alınan problemin analizinde bahsedilen yöntemlerden yararlanılabilir.

CFD analizleri için genel bir çözüm algoritması hazırlamak oldukça güç ve çok sayıda kişinin çalışmasını gerektirecek bir işlemdir. Literatürdeki sayısal çalışmaların çoğunda, her problem için özel bir yöntem önerilir. Her bir problem için uğraştırıcı matematik modeller kurmak yerine, bu konuda yılların birikim ve deneyimleri sonucu hazırlanmış, *Fluent* gibi, genel amaçlı CFD yazılımlarının kullanılması çok daha uygun ve doğru olacaktır.

4.3. Fluent CFD

Bu kitaptaki analizlerde, dünya çapında CFD konusunda en etkili yazılımlardan biri olarak bilinen *Fluent*[7] yazılımı kullanılmıştır. *Fluent* karmaşık geomerilerde akışkan akımı, ısı transferi ve kimyasal tepkimeler gibi problemleri modelleyebilen *C* programlama diliyle yazılmış ileri düzey bir bilgisayar yazılımıdır [50]. Özellikle hava-su karışımı gibi çok fazlı ve serbest yüzeyli akımların modellenmesi bu programı ile mümkün olabilmektedir. Üç boyutlu model geometrilerini hazırlamak ve

[7] Bu Bölümdeki teori ağırlıklı olarak *Fluent*.inc yazılımının yardım menüsunden (*Fluent.inc User Guide*) alınmıştır. Daha detaylı bilgi için Fluent'in yardım mensününe başvurulabilir [50].

bu modelleri sonlu elaman ağlarına bölmek için de *Fluent* yazılımıyla birlikte sunulan *Gambit* programı kullanılmıştır. *Fluent* gibi CFD yazılımlarının dezavantajlarından biri çözüm zamanı ve yüksek bellek gereksinimidir. Özellikle üç boyutlu modellerden hassas sonuçlar alabilmek için modeli daha küçük dolayısıyla daha fazla sonlu eleman ağına bölmek gerekmekte ve bu durumda da, daha fazla işlemci gücü ve bellek kapasitesine gereksinim duyulmaktadır. Ancak günümüzdeki yüksek hızlı işlemci ve yüksek bellekli PC'lerle bile yeterli sayıda sonlu eleman hücresine sahip üç boyutlu modeller çözülebilmektedir. Çok daha fazla elemanlı model çözümü için veya çözüm zamanını daha azaltmak için paralel işlemci teknolojisi kullanan HPC (*High Performance Computers*) sistemleri kullanılmalıdır.

Fluent, aşağıdaki gibi çok fazlı akım (*Multiphase Flows*) problemlerinin modellenmesine imkân sağlar [50].

- **Kabarcık Akımı (*Bubble Flow*)**: Sürekli sıvı faz içindeki gaz veya hava kabarcıklarının modellenmesi (Havalandırıcılar gibi)
- **Damlacık Akımı (*Droplet Flow*)**: Sürekli gaz fazı ortamındaki sıvı zerreleri veya damlacıklarının modellenmesi
- **Sediment Akımı (*Particle-laden Flow*)**: Sürekli akışkan ortamındaki katı parçacık hareketi (sedimantasyon gibi)
- **Büyük Kabacık Akımı (*Slug Flow*)**: Sürekli sıvı ortamındaki büyük kabarcıkların modellenmesi
- **Halkasal Akış (*Annular Flow*)**: Cidarlar boyunca sürekli akışkan modellenmesi
- **Serbest Yüzeyli Akım (*Free Surface Flow*)**: Net bir şekilde belirlenmiş ara yüzeyle birbirine karışmayan akışkanlarının ayrılması.

Fluent'de çok fazlı akımlar genelde, birincil faz sürekli ortam akışkanı, diğeri ise bu akışkan içine dağılmış olan ikincil faz olarak tanımlanır. Atmosfere açık serbest yüzeyli akımlar için bu durum, sürekli ortam akışkanı hava, ikincil faz ise su olarak alınabilir. Burada kullanılan ASM Model için ise tersi durum önerilmiştir. Çok fazlı akımlarda sonlu eleman ağlarıyla bölünmüş her bir hücre iki akışkanın belirli hacim oranlarıyla işgal edilir. '*k*' akışkanının hacim oranı için üç durum söz konusudur [50].

- $\varepsilon_k=0$ ise *k* akışkanın hücresi boş,
- $\varepsilon_k=1$ ise *k* akışkanı hücreyi tamamen doldurmuş,
- $0<\varepsilon_k<1$ ise hücre iki akışkanın ara yüzeyini içerir.

Fluent 5'de çok fazlı akışkan modelleri için 4 farklı model önermiştir:

- Dağınık Faz Modeli (*Dispersed Phase Model - DPM*)
- Akışkan Hacmi Modeli (*Volume of Fluid Model - VOF*)
- Cebirsel Kayma Karışım Modeli (*Algebraic Slip Mixture Model -ASMM*)
- Kavitasyon Modeli (*Cavitation Model*)

4.3.1. Dağınık Faz Modeli (*Dispersed Phase Model-DPM*)

Sürekli ortam akışkanından katı parçacıkları, sıvı damlaları veya gaz kabarcıklarının ayrılması gerekiyorsa bu model kullanılabilir. Hücrelerin %10'undan daha küçük hacim oranlarının belirlenebilmesi için uygundur. DPM, çözüm yaparken aşağıdaki hesapları gerçekleştirir [50]:

- Sürekli akışkan içerisindeki ikincil faz akışkan parçacıklarının yörüngesi hesaplanır (kabarcıkların yörüngesi gibi)
- Sürekli ve ayrılmış akışkan fazları arasında ısı, kütle ve moment transferi hesaplarını gerçekleştirir.
- Parçacık-parçacık etkileşimini ihmal eder.
- Zamanla değişen veya değişmeyen akımların parçacık izlerini hesaplar.

4.3.2. Akışkan Hacmi (*Volume of Fluid -VOF*) Modeli

Karışmayan akışkanların net bir ara yüzey ile ayrılması bekleniyorsa bu model kullanımı uygun olmaktadır. Özellikle serbest yüzeyli akımlarda, serbest yüzeyin şeklinin önemli olduğu problemler için uygundur (Şekil 4.2). Kontrol hacimleriyle karşılaştırıldığında küçük kabarcıklar içeren akımlar için uygun değildir. Bu nedenle dolusavak havalandırıcıları gibi hava-su karışımının önemli olduğu problemler için de uygun olmayacaktır. Havalandırıcı problemlerinde akım içine karışan çok küçük hava kabarcıkları söz konusudur ve VOF modelde bu gibi küçük kabarcık tanımlaması ve hava-su karışım olayının modellenmesi mümkün olmamaktadır.

Şekil 4.2 VOF model kullanılarak Fluent ile hazırlanmış serbest yüzeyli akım modeline bir örnek (Büyük Karaçay Baraj Dolusavağı) [51]

VOF modelde sıvı ve gaz fazı arasındaki ara yüzeyin belirlenmesi her k fazı için bir hacim oranı süreklilik denkleminin çözümü ile gerçekleşir [50]:

$$\frac{\partial \varepsilon_k}{\partial t} + u_i \frac{\partial \varepsilon_k}{\partial x_i} = S_{\varepsilon_k} \qquad (4.1)$$

Denklemin sağ tarafındaki kaynak terimi VOF model için sıfıra eşittir. Bu terim, kavitasyon model için sıfırdan farklıdır. Hacim oranı denklemi birincil faz için çözülmeyecektir. Birincil fazın hacim oranı (4.2)'deki sınırlamaya dayalı olarak hesaplanır [50].

$$\sum_{k=1}^{n} \varepsilon_k = 1 \tag{4.2}$$

Denklem (4.1) ve (4.2)'deki; ε_k: k. fazın hacim oranı, u_i: Hız vektörleri, x_i: Yön vektörleri, $S_{\varepsilon k}$: Kaynak terimi, n: Akışkan sayısını ifade etmektedir. Seçilen sonlu elemanın boyutlarından daha küçük hassaslıkta arayüzey belirlemek mümkün değildir. Dolayısıyla daha net bir arayüzey için daha hassas sonlu eleman ağı gerekecektir. VOF modelin çözüm özellikleri şunlardır [50]:

- Her akışkan için momentum denkleminin bir seti çözülür.

$$\frac{\partial}{\partial t}(\rho u_j) + \frac{\partial}{\partial x_i}(\rho u_i u_j) = -\frac{\partial P}{\partial x_j} + \frac{\partial}{\partial x_i}\mu\left(\frac{\partial u_i}{\partial x_j} + \frac{\partial u_j}{\partial x_i}\right) + \rho g_j + F_j \tag{4.3}$$

  Burada; ρ: Akışkanın yoğunluğu, μ: Akışkanın viskozitesi, u: Akışkanın hızı, g: Yerçekim ivmesi, F_j: Ek terimdir.
- Momentum denklemine eklenen bir terimle yüzey gerilimleri ve cidar adezyonu modellenebilir.
- Türbülanslı akımlar için türbülans transfer denklemlerinin tekil seti çözülür.
- Birincil faz için korunum denklemleri çözülür.

Fluent'teki yüzey gerilim kuvvetleri Brackbill ve diğ. [52] tarafından önerilen sürekli yüzey kuvveti (*Continuum Surface Force-CSF*) yöntemiyle modellenir. Buna göre, arayüzeyin her iki tarafında kalan akışkanların basınç farkı yüzey gerilim katsayısına bağlıdır. Yüzey eğriliği iki yarıçaplı (R_1 ve R_2) olarak tanımlanırsa, bu basınç farkı aşağıdaki (4.4) denklemiyle ifade edilir:

$$P_1 - P_2 = \sigma_s\left(\frac{1}{R_1} + \frac{1}{R_2}\right) \tag{4.4}$$

Burada; P_1 ve P_2: Arayüzeyin her iki tarafında kalan akışkanlardaki basınçlar, σ_s: Yüzey gerilmesidir. CSF modeline göre VOF hesaplarında momentum denklemine eklenen ek terim, yüzeydeki kuvvetin bir hacim kuvveti olarak aşağıdaki denklemle ifade edilir [50].

$$F_{vol}(x) = 2\sigma_s \kappa(x)\varepsilon_2 \nabla \varepsilon_2 \tag{4.5}$$

Bu ek terim arayüzeyin yalnızca bir tarafına eklenir. *Fluent* VOF modelde bu ikincil fazdır. Burada; ε_2: İkincil fazın hacim oranı, κ: Yüzey eğriliğidir. Yüzey eğriliği, $\hat{n}$ vektörün diverjansı bakımından aşağıdaki denklemle ifade edilir [50]:

$$\kappa = \nabla.\hat{n} = \frac{1}{|n_s|}\left[\left(\frac{n_s}{|n_s|}.\nabla\right)|n_s| - (\nabla.n_s)\right] \tag{4.6}$$

Burada, n_s: İkincil fazın hacim oranı gradiyentiyle tanımlanan yüzey normalidir ($n_s = \nabla \varepsilon_2$). $\hat{n} = n_s / |n_s|$ olarak ifade edilir. Yine Brackbill ve diğ. [52] tarafından önerilen yöntemden alınarak VOF modelde kullanılan cidar adezyon açısı ile alakalı ifade aşağıdaki gibidir [50]:

$$\hat{n} = \hat{n}_\omega \cos\theta_\omega + \hat{t}_\omega \sin\theta_\omega \tag{4.7}$$

Burada; $\hat{n}$: Yüzeye normal birim vektör, $\hat{n}_\omega$ ve $\hat{t}_\omega$: Sırasıyla, katı cidara normal ve teğetsel birim vektörler, θ_ω: Katı cidarla yüzey teğeti arasındaki ikincil faz içinde ölçülen temas açısıdır. ∇ operatörü aşağıdaki gibi ifade edilir.

$$\nabla = \frac{\partial}{\partial x} + \frac{\partial}{\partial y} + \frac{\partial}{\partial z} \quad \text{ve} \quad div(n) = \nabla . n$$

4.3.3. Cebirsel Kayma Karışım Modeli (*Algebraic Slip Mixture Model - ASMM*)

ASMM model kullanılan akışkan fazlarının birbirine karışmasına izin vererek karışım modelinin çözümünü sağlar. Bu model hava kabarcıkları gibi gaz parçacıklarının, sıvı gibi daha yoğun olan diğer faz içindeki karışımını sağlayabilmektedir. Ancak bu modelde düşük gaz akışkan hacimleri için belirli bir sınırlama verilmektedir. Bu nedenle ASM model havalandırıcı problemleri gibi akım içindeki hava konsantrasyonu dağılımlarını tam olarak tahmin etmeyebilir. Fakat yine de oluşabilecek basınç değişimi nedeniyle havalandırıcı tarafından çekilecek hava miktarını belirlenmek suretiyle havalandırıcılar için hava giriş debisinin tahmini yapılabilir. ASM modelin diğer bir dezavantajı da akışkan fazları arasında VOF model gibi net bir arayüzey elde edilememsidir. ASMM'nin çözüm özellikleri şunlardır [50]:

- Model karışımın süreklilik ve momentum denklemlerini çözer.
- İkincil fazın hacim oranının taşınımını çözer.
- Fazlar arasındaki kayma hızını hesaplamak için cebirsel bir bağıntı kullanır. Böylece iki faz akışkanın farklı hızlarda hareket etmesine olanak tanır.
- Zamanla değişen veya değişmeyen akımlar için de uygundur.
- Yalnızca iki fazlı akımlar modellenebilir.
- Akım sıkıştırılamaz olmalıdır.
- Tüm kontrol hacimleri tek bir akışkan fazıyla veya iki fazın birleşimiyle doldurulmalı boş hacim bırakılmamalıdır.

Karışımın süreklilik denklemi aşağıdaki bağıntı ile verilmiştir [50].

$$\frac{\partial}{\partial t}(\rho_m) + \frac{\partial}{\partial x_i}(\rho_m u_{m,i}) = 0 \tag{4.8}$$

Karışımın momentum denklemi iki ayrı faz için momentum denklemlerinin toplamı şelinde aşağıdaki gibi elde edilir [50].

$$\frac{\partial}{\partial t}\rho u_{m,j}+\frac{\partial}{\partial x_i}\rho_m u_{m,i}u_{m,j}=$$

$$-\frac{\partial p}{\partial x_j}+\frac{\partial}{\partial x_i}\mu_m\left(\frac{\partial u_{m,i}}{\partial x_j}+\frac{\partial u_{m,j}}{\partial x_i}\right)+\rho_m g_j+F_j+\frac{\partial}{\partial x_i}\sum_{k=1}^{n}\varepsilon_k\rho_k u_{Dk,i}u_{Dk,j} \qquad (4.9)$$

Bu denklemde; n: Faz sayısı, ρ_m: Karışımın yoğunluğunu, u_m: Karışımın ortalama hızı, u_{Dk}: Sürükleme hızları, ε_k: k akışkanının hacim oranını, μ_m: Karışımın viskozitesi, μ_k: k akışkanının viskozitesidir. Karışımın yoğunluğu:

$$\rho_m=\sum_{k=1}^{n}\varepsilon_k\rho_k \qquad (4.10)$$

Karışımın viskozitesi:

$$\mu_m=\sum_{k=1}^{n}\varepsilon_k\mu_k \qquad (4.11)$$

Karışımın ortalama hızı:

$$\vec{u}_m=\frac{\sum_{k=1}^{n}\varepsilon_k\rho_k\vec{u}_k}{\rho_m} \qquad (4.12)$$

Sürükleme hızı:

$$\vec{u}_{Dk}=\vec{u}_k-\vec{u}_m \qquad (4.13)$$

denklemleriyle hesaplanır.

Kayma hızı olarak da adlandırılan fazlar arasındaki rölatif hız ikincil fazın birincil faza göre rölatif hızı olarak tanımlanır. Bu hız aşağıdaki denklemle ifade edilir [50].

$$\vec{u}_{rel}=\vec{u}_p-\vec{u}_q \qquad (4.14)$$

$$\vec{u}_{rel}=\vec{a}_p\tau_{pq} \qquad (4.15)$$

Burada; a_p: İkinci fazın ivmesi, τ_{pq}: Relaksiyon zamanıdır. Tanımlanan a ve τ_{pq} parametreleri sırasıyla (4.16) ve (4.17) denklemlerle ifade edilirler.

$$\vec{a}_p=(\vec{g}-(\vec{u}_m\cdot\nabla\vec{u}_m+\frac{\partial\vec{u}_m}{\partial t})) \qquad (4.16)$$

$$\tau_{pq} = \frac{\rho_p d_p^2}{18\mu_q} \tag{4.17}$$

Burada, d_p: Parçacık çapıdır. İkincil faz için yazılan süreklilik denklemi ikincil fazın hacim oranı denkleminin belirlenmesinde kullanılabilir [50].

$$\frac{\partial}{\partial t}(\varepsilon_p \rho_p) + \frac{\partial}{\partial x_i}(\varepsilon_p \rho_p u_{m,i}) = -\frac{\partial}{\partial x_i}(\varepsilon_p \rho_p u_{Dp,i}) \tag{4.18}$$

Buradadaki indislerden; p ikincil fazı, q birincil fazı, m karışımı, D ise sürüklemeyi(*Drift*) ifade eder.

4.3.4. Kavitasyon Model (*Cavitation Model*)

Bu model, VOF modelden iki yönüyle ayrılır. Birincisi, iki akışkan arasında arayüzey olması gerekmez, akışkanların birbirine karışması sağlanır. İkincisi, fazlar arasında dönüşüm mümkündür. Dolusavaklar gibi açık kanallar üzerinde meydana gelen kavitasyon olayında hem hava-su karışımı, hem de kavitasyondan dolayı hava-buhar karışımı söz konusudur. Dolayısıyla, burada hava-su-buhar gibi üç fazlı akım durumu mevcut olacaktır. Kavitasyon modelde ise yalnızca iki faz modellenebilir. Bu nedenle dolusavaklar üzerindeki kavitasyon olayının modellenmesi için uygun değildir. Kavitasyon modelin çözüm özellikleri şunlardır [50]:

- Kavitasyonun başlangıcını ve kabarcıklarının yaklaşık boyutunu tahmin eder.
- Karışımın momentum denklemini hesaplar.
- Karışımın süreklilik denklemini çözer.
- Fazlar arasında kayma (*slip*) hızının olmadığı varsayılır.
- Buhar fazının hacim oranı taşınımı için çözüm yapar.
- Akım sıkıştırılamaz olmalıdır.
- Yalnızca iki faz modellenebilir.

İkincil faz için süreklilik denklemi hacim oranı denkleminin temelidir [50]:

$$\frac{\partial}{\partial t}(\varepsilon_p) + \frac{\partial}{\partial x_i}(\varepsilon_p u_j) = \frac{1}{\rho_p}\left(\dot{m} - \frac{d\rho}{dt}\right) \tag{4.19}$$

Reyleigh denklemi kullanılarak yaklaşık kavitasyon kabarcık büyümesi hesaplanır [50].

$$\frac{dR}{dt} = \sqrt{\frac{2(p_v - p)}{3\rho_l}} \tag{4.20}$$

Toplam buhar kütlesi aşağıdaki denklemle ifade edilir [50].

$$m_v = \rho_v \frac{4}{3} \pi R^3 n_b \tag{4.21}$$

Bu denkleme dayalı olarak fazlar arası kütle transferi için aşağıdaki denklem yazılmıştır [50].

$$\dot{m} = \frac{3\rho_v \varepsilon_v}{R} \sqrt{\frac{2(p_v - p)}{3\rho_l}} \tag{4.22}$$

Bu denklemlerdeki; m_v: İkinci fazın kütlesi (Buhar kütlesi), P_v: Buhar basıncı, P: Referans basınç, ρ_l: Sıvının yoğunluğu, ρ_v: Buharın yoğunluğu, R: Kabarcık yarıçapı, n_b: Birim hacimdeki kabarcık sayısı, ε_v: Buhar fazının hacim oranı, ε_l: Sıvı fazın hacim oranı($\varepsilon_v + \varepsilon_l = 1$), t: Zamandır. Kabarcık yarıçapı ise Denklem (4.23) ile hesaplanır [50].

$$R = \left(\frac{\varepsilon_l}{4\pi n_b / 3} \right)^{1/3} \tag{4.23}$$

5. Sayısal Yöntemin Doğrulaması

Bu bölümde; Fluent yazılımı ile yapılan sayısal çözümlerin etkinliğini test etmek için sayısal analiz sonuçları, bazı fiziksel model ve prototip verileriyle karşılaştırılmıştır. Sonuçlar değerlendirilerek kullanılan sayısal yöntemin fiziksel modellere nazaran kullanılabilirliği tartışılmıştır. Karşılaştırmalarda direkt model deneyi sonuçlarının alındığı gibi, deney sonuçlarından elde edilen bazı ampirik bağıntılar da kullanılmıştır.

Dolusavaklar gibi hidrolik uygulamalarda alışılagelmiş yöntem, model deneyi hazırlamaktır. Uzun yıllardan bu yana hidrolik alanındaki çoğu gelişme model deneyleriyle sağlanmıştır. Akışkan mekaniğinin çok karmaşık bir konu olması, teorik bağıntılarla davranışlarının tam olarak kestirilememesi, basit teorik yaklaşımlarda olayın içinde dikkate alınmayan unsurların bulunması gibi nedenlerden dolayı deneysel çalışmalara ihtiyaç duyulmaktadır. Ancak bilindiği gibi fiziksel model deneyleriyle yapılan çalışmaların bazı olumsuzlukları bulunmaktadır. Çok zaman, maliyet ve emek gerektirmesi, esnek olmaması, yapılan deneyin ilgili problemle kısıtlı kalması, ölçüm hataları gibi bazı dezavantajlar sayılabilir. Özellikle dolusavak havalandırıcıları gibi model ölçeğinin önemli olduğu problemlerde ise "*Ölçek Etkisi (Scale Effect)*" gibi ciddi bir sorunla karşılaşılır. Önemli ölçek etkileri altındaki model deneylerinin yanında, üç boyutlu sayısal yöntemlerin (CFD modelleri) ne kadar etkili olabileceği, CFD modellerinin fiziksel model deneylerine alternatif olup olamayacağı bu bölümde tartışılmıştır.

5.1. Model Deneyleri ve Ölçek Etkileri

Model deneylerinin havalandırıcı tasarımında kullanılması kabul görmüş olmasına rağmen, fiziksel hidrolik modellerle yapılan çoğu deneylerde önemli ölçek etkileri beklenir. Dolusavak şut kanalları üzerindeki gibi yüksek hızlı akımlarda yerçekimi, atalet ve basınç kuvvetleri hâkimdir ve bunların yanında viskoz ve yüzey gerilimi etkileri ihmal edilir. Bu nedenle dolusavak gibi yapıların modellenmesinde *Froude ve Euler Benzeşimleri* kullanılmaktadır. Ancak özellikle hava girişi olayında model ölçeği küçüldükçe viskoz ve yüzey gerilim etkileri kendini göstermeye başlar. Yerçekim ve basınç kuvvetlerini temsil eden Froude ve Euler benzeşimleriyle birlikte viskoz ve yüzey gerilimi kuvvetlerini temsil eden Reynolds ve Weber benzeşimlerinin sağlanması mümkün olmadığından ölçek etkileri kaçınılmaz hale gelir. Bu nedenle ölçek etkilerine ayrıca özen gösterilmesi gerekir.

Laminer alt tabakalar ve yüzey gerilim etkileri türbülans hareketlerini kısıtlar, su taneciklerinin formasyonu ve su jetinin dağılımını yavaşlatır. Bu olay modeldeki hava giriş mekanizmasının etkilerinin azalmasına yol açar. Bir Froude modelindeki düşük Reynolds sayısı yüzünden modeldeki laminer alt tabaka prototiptekine oranla daha kalın olacaktır. Bunlar hava giriş olayında ölçek etkilerinin temel nedenleri olarak görülür. Bunu önlemek için tamamen pürüzlü bir akım oluşturmak gerekir. Viskoz etkileri minimize etmek için modelin prototipten daha pürüzlü yapılması gerekir. Bunun için de, en azından modeldeki havalandırıcı bölgesinin yapay olarak pürüzlendirilmesi gerektiği önerilmesine rağmen şut kanallarının beton yüzeyleri için pürüzlülük genel olarak k_s=0.5-1.0 mm arasında verilmektedir [2, 40].

Froude modellerinde su yüzey dağılımının bezerliğinin sağlanması ve yüzey gerilim etkisinin ihmal edilebilmesi için Weber sayısının belirli bir değerden büyük olması gerekir. Yeterli havalandırma olayına engel olan yüzey geriliminin etkili olduğu küçük ölçekli modeller kısmen de olsa havalandırıcı performansının tespitinde yardımcı olabileceği ve özellikle bu tür modellerin jet uzunluğunun tespiti için uygun olabileceği belirtilmiştir [2]. Reynolds ve Weber sayılarının bazı limit değerlerden büyük olması ve türbülans etkisinin ihmal edilmesi halinde, rölatif hava debisinin aşağıdaki değişkenlerin bir fonksiyonu olarak alınabileceği ancak bunun küçük ölçekli modellerde uygulanamayacağı ifade edilmiştir [16].

$$\beta = f\left(Fr, E, \alpha, \theta, t_r/h, t_s/h\right) \quad (5.1)$$

Burada; β: Hava giriş oranı, Fr: Froude sayısı, E: Euler sayısı, α: Şut kanalı eğim açısı, θ: Havalandırıcı rampasının eğim açısı, t_r: Rampa yüksekliği, t_s: Eşik yüksekliği, h: Yaklaşan akım derinliğidir.

Kökpınar ve Göğüş [22] deneylerinde, alt nap havalandırması ve havalandırıcı boşluk altbasınç sayısı için ölçek etkileri dikkate almışlardır. Alt nap havalandırması için Emborcacao, Foz do Areia ve Keban barajı dolusavak havalandırıcılarının prototip dataları, alt basınç sayıları için ise Guri Barajı prototip havalandırıcı dataları karşılaştırılmıştır. Kökpınar ve Göğüş [22] havalandırıcı tasarımında fiziksel model çalışmalarının uygun olabileceğini fakat çok pahalı ve zaman alıcı bir işlev olduğuna dikkat çekmişlerdir. Çalışmalarında Demiröz'ün [42] kullandığına benzer bir düzenek kullanmışlardır. Kökpınar ve Göğüş [22] Deneylerde, Froude sayısının 3.40~12.36 arasındaki değerler ile çalışmışlardır.

Havalandırıcılar üzerinde yapılan model deneylerinde karşılaşılan sorunlardan biri de gerekli olan yüksek hızlı ve yüksek debili jet akımının elde edilmesidir. Büyük ölçekli modeller için çoğu labaratuar ortamında bunu gerçekleştirecek altyapı yoktur veya oldukça kısıtlıdır. Yüksek hızlı akım elde etmek için ya yaklaşım kanalı yeterince uzun inşa edilmeli [9]; ya da modele yüksek hızlı akım sağlayacak *jet kutusu* (*Jet box*) denilen aygıtlardan faydalanılmalıdır.

5.1.1. Model Ölçeği

Pinto ve Neidert [53], ölçekleri 1:8'den 1:50 ye değişen ölçeklerde bir dizi model üzerinde deneyler yürütmüştür. Bu deneylerde, 1:15'ten daha büyük ölçekli modeller, tüm debiler için prototipinkine yakın değerler verirken; 1:30 – 1:50 ölçekli modeller, yalnızca büyük debiler için prototipe uygun değerler vermiştir. Chanson [15] ölçek etkilerinden kaçınmak için model çalışmasında 1:15 ölçeğini kullanmıştır. Tan [11] ise ölçek etkilerinden kaçınmak için model deneylerinde 1:8 gibi büyük bir ölçek seçmiştir. Tan [11], α=14.5, 5<Fr<17.39, 4,6 cm < h < 25 cm, E > 0.117×10^3 sınırlarını kullanarak, deney datalarını Foz do Areia prototip verileriyle karşılaştırmıştır. Burada; h: yaklaşan akım derinliği, E: Euler sayısıdır. Froude sayısının 6~13 aralığında prototip verileriyle deney sonuçları iyi bir uyum vermiştir. Fakat, bu aralıktan daha büyük ve küçük Froude sayıları için prototip hava girişi modele göre çok daha fazla olmuştur. Prototip karşılaştırmasında özellikle $\beta_{prototip}$>0.2 için iyi bir uyum elde edilmiştir [11].

Volkart ve Rutschmann [9] model ve prototip sonuçlarını karşılaştırmış ve bu karşılaştırmada jet uzunluğu üzerinde önemli bir ölçek etkisi gözlemlememişlerdir. Bununla birlikte modelin ölçeği büyüdükçe rölatif jet uzunluğunun (λ_j) azaldığı ifade edilmiştir. Bu kişilere göre model ölçeği 1:10'dan daha büyük olmalı ve prototip şartlarına benzeştirilebilmesi için model yaklaşım kanalının yeterince uzun olması gerekmektedir [9].

Foz do Areia barajı dolusavağının Pinto ve diğ. [6] tarafından çalışılan 1:50 ölçekli modelinde boşluk altbasınçlarıyla ilgili önemli ölçek etkileri belirlenirken, 1:8 ölçekli modelde ise model-prototip arasında iyi bir uyum sağlanmıştır. Ayrıca Euler sayısının 50'nin üzerine çıktığı zaman su jeti geometrisinin boşluk altbasınçlarından etkilenmeyeceği de belirtilmiştir.

Pinto [54, 40], Terbela tünelinin 1:12 ölçekli modelinde olduğu gibi büyük ölçekli bir modelde bile önemli ölçek etkileri tespit etmiştir. Bu modeldeki hava giriş oranının, prototip hava girişinin yalnızca %33-67 sine karşılık geldiği vurgulanmıştır.

Hava girişinin iyi bir niceliksel tahminini yapabilmek için, birçok araştırmacı tarafından büyük ölçekli modeller kullanılması gerektiği sonucuna varılmış ve uygun hava giriş mekanizmasının yalnızca 1:10'dan daha büyük ölçeklerde gerçekleşebileceği belirtilmiştir [1]. Vischer ve diğ. [44] tarafından, 1:4 ölçeğinden daha küçük modellerde hava girişinin prototiptekinden daha küçük olacağını belirtilmiştir. Yüzey havalandırması için ölçek etkileri ihmal edilecekse ölçeğin 1:4'den büyük seçilmesi gerektiği ifade edilmiştir [1].

DSİ labaratuarlarında dolusavak havalandırıcıları için hazırlanan modellerin birçoğu, fiziksel imkanlar da göz önünde bulundurularak 1:25 ve 1:30 ölçeğinde inşa edilmektedir. Dolayısıyla bu modellerde ölçek etkilerine dikkat edilmesi gerekmektedir.

5.1.2. Reynolds ve Weber Sayılarının Etkileri

Froude modellerinde viskoz ve yüzey gerilimi kuvvetleri ihmal edileceğinden bu iki kuvvet etkisini temsil eden Reynolds ve Weber sayılarının limitlerinin belirlenmesi, ölçek etkilerinin kontrolünde fayda sağlayacaktır.

Ölçek etkileri ile ilgili limit bir Reynolds sayısı Pan ve Shao [55] tarafından belirlenmiştir. $Re>R_L=3.5*10^6$ sağlanırsa Froude benzeşimi için ölçek etkilerinin beklenmeyeceği ifade edilmiştir. Burada, U yaklaşan su hızını, L_j jet uzunluğunu, v saf suyun kinematik viskozitesini göstermek üzere, $R_L = UL_j v^{-1}$ limit Reynolds sayısını verir [55]. Tamamen türbülanslı bir akımda (büyük Reynolds sayılarında) akım türbülansı temel olarak Reynolds sayısına bağlıdır. Pinto [2], Foz do Areia Barajı 1 nolu dolusavağının 1:8 ölçeğindeki modelini incelemiş ve $Re>3.3*10^5$, $We>800$ değerleri için Reynolds ve Weber etkilerinin ihmal edilebileceği ifade etmiştir.

Yüzey gerilmesinin ihmal edilebilmesi için birçok araştırmacı tarafından Weber sayısının yeterince yüksek olması gerektiği belirtilmiştir. Pinto [2], 93-186 $m^3/s/m$ birim debiler ve 30.5-39.6 m/s hızlar için, 1:10 ve 1:15 ölçekler kullanıldığında yüzey gerilimlerinin ihmal edilebileceğini göstermiştir (*We*>1000). Ancak, birçok yapının bitirilmiş modellerinde, ihtiyaç duyulan yüksek su debileri ve maliyet nedeniyle her zaman büyük modellerin kullanılması mümkün olmamıştır [2]. Havalandırma olayının yeterli üretimine engel olan bu yüzey gerilimlerinin meydana geldiği küçük ölçekli modellerin yine de havalandırıcı performansının incelenmesi için kullanılabileceği savunulmuştur [2]. Birçok araştırmacıya göre, $Re>10^5$ ve jet uzunluğuna bağlı *We*>400 için hava ihtiyacı bu değerleri temsil eden yüzey gerilmeleri ve viskoz kuvvetlerden etkilenmeyecektir [4]. Pinto ve Neidert [53] tarafından ölçek etkileri üzerinde yüzey gerilimi etkisini tanımlanmış ve havalandırıcı jet uzunluğuna (L_j) bağlı Weber sayısı dikkate alındığında *We*>500 için ölçek etkilerinin ihmal edilebileceği sonucuna varılmıştır.

5.1.3. Ölçek Etkisi Faktörü

Yukarıdaki nedenlerden dolayı çoğu zaman modellerde ölçek etkilerine izin verilmek zorunda kalınır. Bu etkileri gidermek için bazı bağıntı ve katsayılar verilmiştir. Volkart ve Chervet [38] tarafından San Raque havalandırıcısının 1:25 ölçekli bir Froude benzeşimi kullanarak ölçek etkilerini incelenmiş ve 1:25 ölçekli modelde, model hava giriş oranının (β) prototip değerine karşılık gelebilmesi için 1.5 katsayısıyla çarpılması gerektiği önerilmiştir. Kells ve Simith [1]'in aktardığına göre; Harshbarger ve diğ.(1977) kapaklı bir tünel çıkışındaki serbest yüzeyli akımın 1:20 ölçekli modelinde önemli ölçek etkilerinin görünmediğini belirtmelerine rağmen Sakuja ve diğ.(1984) bu modele çok yakın bir çalışmada 1.225 ölçek etkisi faktörünü tespit etmişlerdir [1].

Froude benzeşimi kullanılarak hazırlanmış havalandırıcı modellerin serbest yüzey hava girişi üzerindeki ölçek etkilerinin giderilmesi için Denklem (5.2) önerilmiştir [1].

$$\log_{10} SEF = 0.0048(\lambda - 1) \tag{5.2}$$

Burada; *SEF*: Ölçek etkisi faktörü, λ: Model ölçeğidir. Buna göre prototip hava giriş oranı $\beta_p = SEF * \beta_m$ bağıntısı ile elde edilebilir (*p* prototipi, *m* modeli temsil eden indislerdir). Bruschin (1984) alt nap hava girişi için ölçek etkilerini gidermek üzere model ölçeğine bağlı Denklem (5.3)'i önermiştir [22].

$$\beta_p = \left(\frac{1}{\lambda}\right)^{0.5} \beta_m \tag{5.3}$$

Burada; β_p: Prototip alt nap hava giriş oranı, β_m: Modelin alt nap hava giriş oranı, λ: Modelin ölçeğidir. Kökpınar ve Göğüş [22] tarafından alt nap hava ihtiyacının ölçek etkilerini tanımlamak için aşağıdaki bağıntı sunulmuştur.

$$(\beta_c)_p = \xi \beta_m^{\varepsilon} \tag{5.4}$$

Burada; $(\beta_p)_c$: Prototip hesap değeri, β_m: Model değeri, ξ ve ε: Geometriye bağlı katsayılardır. Simetrik havalandırıcılı dolusavaklar için ξ=5.194, ε=1.150, Asimetrik havalandırmalı dolusavaklar için ise ξ=4.186 *ve* ε=1.388 değerleri verilmiştir [22].

Ilısu Barajı dolusavak boşaltım kanalının DSİ TAKK labaratuarlarında hazırlanan 1:30 ölçekli modelinde rölatif hava girişi için ölçek etkisi faktörü 1.4 olarak alınmıştır. Bu değer Escher ve Siegenthaler (1982) tarafından hava girişi ölçek etkileri için belirlemiş olan Denklem (5.5)'deki katsayı aralığından alınmıştır [56].

$$(q_a)_p = (1.11 \sim 1.43)(q_a)_m \qquad (5.5)$$

Buradaki q_a birim hava debisini, *p* prototip, *m* modeli ifade eder.

5.2. Sayısal Analiz - Fiziksel Model Karşılaştırması

Sayısal analiz sonuçlarının doğruluğunu test etmek için, Demiröz [57] tarafından yürütülen ve *DSİ Teknik Araştırma ve Kalite Kontrol Dairesinde* (TAKK) dolusavak havalandırıcılarına ait proje kriterlerinin belirlenmesi amacıyla yürütülen fiziksel model deney dataları, prototip boyutlarındaki sayısal model sonuçlarıyla karşılaştırılmıştır. Demiröz [57] tarafından yürütülen fiziksel model deneylerindede, tabanı labaratuar zemininden 2.40 m yükseklikte, genişliği 1.65 m ve uzunluğu 8.0 m olan betonarme bir dikdörtgen yaklaşım kanalı ve eğimli bir beton döşeme üzerine dolusavak boşaltım kanalı kullanılmıştır. Deney düzeneğine ölçülü su verebilmek için dikdörtgen kanal girişine genişliği 1.5 m olan keskin kenarlı dikdörtgen bir savak yerleştirilmiştir. Bu savak sabit yük altında istenilen debiyi verebilen yüksek bir depoya bağlanmıştır. Froude Benzeşimine göre inşa edilen modelin ölçeği 1:25'dir. Modelde, prototip boşaltım kanalının 5.0 m'lik genişliği temsil edilmiştir. Akımı gözleyebilmek için boşaltım kanalının her iki tarafı plexiglass'dan imal edilmiştir. Demiröz [57] deneylerinde aşağıdaki ölçüm cihazlarını kullanmıştır:

- Su seviyesi ölçümleri için nokta uçlu seviye ölçüm aletleri
- Su basınç ölçümleri için piyezometreler
- Hava basınç ölçümleri için eğimi ayarlanabilen mikromanometre
- Debi ölçümleri için keskin kenarlı dikdörtgen savaklar
- Su hızı ölçümleri için pitot tüpleri
- Hava hızı ölçümleri için ise sıcak telli bir uca sahip termo-anemometre

Demiröz [57] tarafından yürütülen deneysel çalışmalar boyut analizinden belirlenen bazı fonksiyonel bağıntıların ampirik olarak belirlenmesi amacıyla yürütülmüştür. Boyut analiziyle belirlenmiş olay üzerindeki etkin boyutsuz parametreler (5.6) denklemiyle verilmiştir.

$$f\left(\beta, \frac{A_a}{A_w}, \frac{t_r}{h}, Fr^2, \tan\alpha\right) = 0 \qquad (5.6)$$

Burada; β: Hava giriş oranı, A_a: Hava girişi enkesit alanı (m^2), A_w: Havalandırıcıdan önceki şut akımının enkesit alanı (m^2), t_r: Rampa yüksekliği (m), h: Yaklaşan akım derinliği (m), α: Şut kanalı eğim açısıdır. Demiröz [57] tarafından yürütülen deneylerde, uygulamada ençok karşılaşılan bazı şut kanalı eğimleri dikkate alınmıştır ($tan\alpha$=0.30, 0.60, 1.25, 1.70). Havalandırma bacası alanı (A_a) ile saptırıcı yüksekliği (t_r) değiştirilerek farklı hidrolik büyüklükler için, akıma karışan hava miktarı, su jeti alt nap uzunluğu ve su jeti altındaki atmosfer altı basınçlar ölçülmüştür. Jet uzunlukları saydam olarak imal edilen boşaltım kanalı yan duvarlarındaki gözlemlere uygun ölçülmüştür. Akıma karışan hava miktarı havalandırma bacasında yapılan hava hız ölçümlerinden hesaplanmıştır. Şut kanalındaki birim debiler q=15 ile100 m^3/s/m arasında çalışılmış ve bu debilere göre ortalama akım hızları ve derinlikleri tespit edilmiştir [57].

Sayısal analiz sonuçlarıyla karşılaştırmak için 1:25 ölçeğindeki fiziksel model geometrisine karşılık gelen prototip boyutları esas alınarak sayısal modeller hazırlanmıştır. Fiziksel modelin modelin, $tan\alpha$=0.30, A_a=1.5 m^2 sabit değerlerinde, t_r=0.10, 0.15, 0.20 ve 0.25 m değerleri için Froude sayısının 4.31 den 7.52 ye değişen değerlerindeki sonuçları dikkate alınmış ve bu değerlerdeki sayısal analiz sonuçları alınmıştır. Deney modelinin temsil ettiği prototip geometrisi *Gambit* yazılımıyla hazırlanmış ve çözüm hacmi yaklaşık 180,000 üç boyutlu (3D) hexahedral hücreye bölünmüştür. Hava giriş olayını daha iyi inceleyebilmek için, hava giriş olayının cereyan ettiği baca giriş bölgesi modelin diğer yerlerine göre iki kat daha hassas ağlara bölünmüştür. Modelin sonlu eleman ağlarına bölünmüş geometrisi Şekil 5.1(a)'da gösterilmiştir. Her saptırıcı yüksekliği için ayrı bir geometrik model hazırlanmış ve verilen Froude sayılarını sağlayacak yükseklik ve hızda su hız girişleri verilerek her bir Froude sayısı için ayrı çözüm yapılmıştır. Fluent çözümlerinde çok fazlı akım modellerinden ASM Model kullanılmıştır. Birincil faz su, ikincil faz hava alınmış ve bu elementlerin normal şartlardaki fiziksel özellikleri tanımlanmıştır. Çözüm yöntemi olarak, 3D Ayrılmış (Segregated) ve zamanla değişen (unsteady solver) çözüm; türbülans modeli olarak, k-ε türbülans model kullanılmıştır. Atmosfere açık sınırlar basınç girişi olarak tanımlanmış ve rölatif atmosfer basıncı olarak 0 Pa alınmıştır. Simülasyon sonucu havalandırıcı üzerinde alt ve üst naplar, hava-su arayüzeyi tanımlanarak Şekil 5.1(b)'de gösterilmiştir. Şekilde havalandırıcı jet altındaki alt basınç bölgesi de açıkça görülebilmektedir.

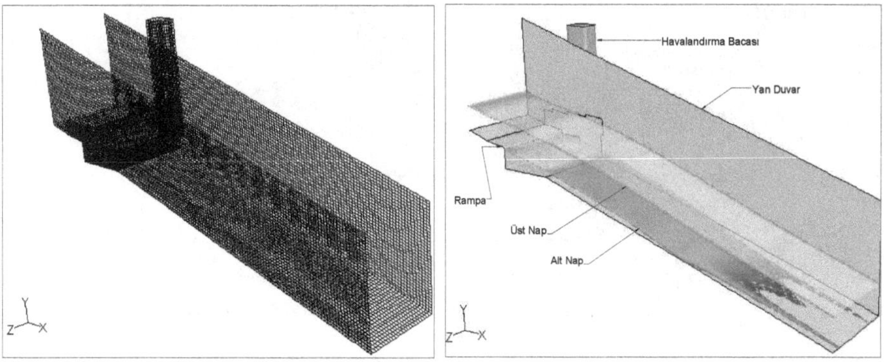

(a) (b)

Şekil 5.1 **(a)** Sayısal model için hazırlanan geometrik modelin sonlu elemanlar ağı, **(b)** Havalandırıcı üzerindeki akımın tanα=0.30, t_r=0.25, Fr=6.38 için nap yüzeyleri

Şekil 5.2(a)'da şut tabanının ortasından geçen eksenin yatay bileşeni (x ekseni) boyunca statik basınç değerlerinin değişimi gösterilmiştir. Jet uzunluğunun başlangıç noktası saptırıcının hemen mansap noktası olan x=3.0 m'dir. Bu uzunluktan itibaren boşluk jet uzunluğu hesaplanmıştır. x=3.0 m den sonra şekilde görülen maksimum taban basıncı noktası jetin çarpma noktası olarak alınmıştır. x=3.0 m ile maksimum taban basıncının belirlendiği nokta arasındaki mesafenin $cos\alpha$'ya bölümüyle jet uzunlukları tespit edilmiştir. Şekil 5.2(b)'de ise jet altındaki atmosfer altı basınçlarının akıma dik "z" ekseni ile değişimi gösterilmiştir. Bu şekilde görüleceği gibi büyük Froude sayılarında eksen boyunca basınç dağılımı çok değişmezken hatta hava giriş ağzından uzaklaştıkça bir miktar artarken, düşük Froude sayılarında ise giriş ağzından uzaklaştıkça basınçlar düşmektedir (ΔP basınç farkı artmaktadır). Yüksek Froude sayılarında giriş ağzına yakın bölgedeki giren havanın dinamik etkileri basınç değişiminde hâkimdir. Dolayısıyla hava hızının yüksek olduğu giriş ağzına yakın yerlerde Bernoulli denklemi uyarınca basınçlar düşecek, hava hızının girişten uzaklaştıkça (şut genişliğince) azalmasıyla basınçlar artacaktır. Bu durum kanal genişliği boyunca hava ihtiyacının karşılandığı ve üniform bir hava karışımının sağlandığına işarettir. Bu durumun aksine, düşük Froude sayılarında ise alt basınç bölgesinde kanal genişliği boyunca nap altındaki basınçlar giriş ağzından uzaklaştıkça düşecektir. Yani büyük Froude sayılarındaki z yönlü değişimin aksi durum oluşacaktır. Bu durumda ise kanal genişliği boyunca alt basınç dağılımın değişiminde nap altındaki hava girişinin sürtünme kayıpları hâkimdir. Basınçların fazla düşmesi havalandırıcının performansı düşürecek ve daha ileri halleri için havalandırıcının batık hale gelmesine yol açacaktır. Batık havalandırıcı durumu ileriki bölümlerde ayrıntılı incelenecektir.

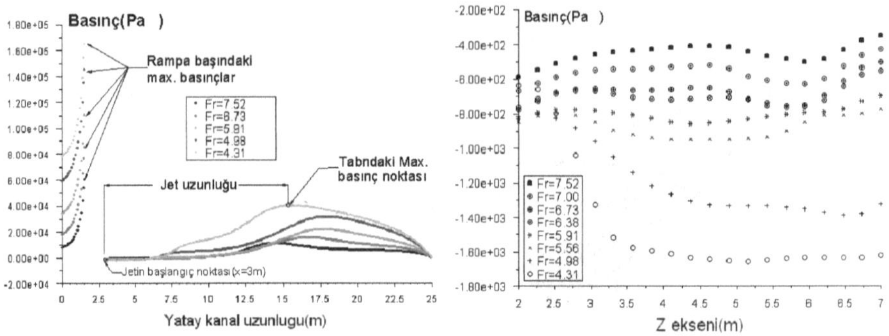

(a) (b)

Şekil 5.2 (a) Şut kanalının tabanının ortasından geçen yatay eksen (x ekseni) boyunca statik basınç dağılımları, **(b)** Jet altındaki akıma dik eksen boyunca (z ekseni) statik basınç dağılımları. (Kanal genişliği z ekseninin [2m,7m] aralığındadır ve hava giriş ağzı z=2m noktasıdır)

Şekil 5.3(a)'da dolusavak şut kanalının boykesitindeki eş basınç eğrileri görülmektedir. Bu basınç dağılımı Şekil 5.4'de gösterilen Pinto [54]'nun bir model yan duvar üzerinde ölçtüğü statik basınçların dağılımı ile oldukça benzerdir [2, 18, 54]. Şekil 5.3(b)'de ise havalandırıcı bacası içinden geçen ve akıma dik kanalı kesen bir düzlem üzerindeki hız vektörleri gösterilmiştir.

Sayısal olarak modellenen kısmi dolusavak şut kanalının farklı akım şartlarındaki faz durumları Şekil 5.5'da gösterilmiştir. Şekilde *tanα*=0.30, t_r=0.25m için farklı Froude sayılarındaki akım jeti görüntüleri sunulmuştur. Akım yüksekliğine ve Froude sayısına göre jet uzunlukları ve nap altındaki altbasınç bölgeleri şekilde gözlemlenebilmektedir.

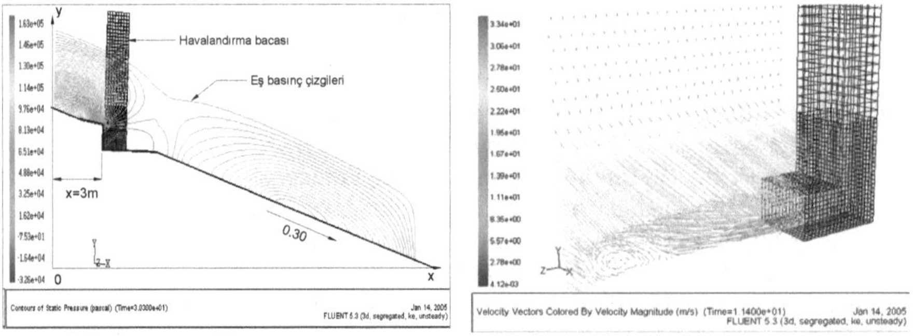

(a) (b)

Şekil 5.3 (a) Şut kanalının orta eksenindeki yüzeyde tanımlanan eş basınç çizgileri (Fr=4.31) **(b)** Hava bacasının ortasından geçen akım yönüne dik tanımlanan yüzeydeki hız vektörleri

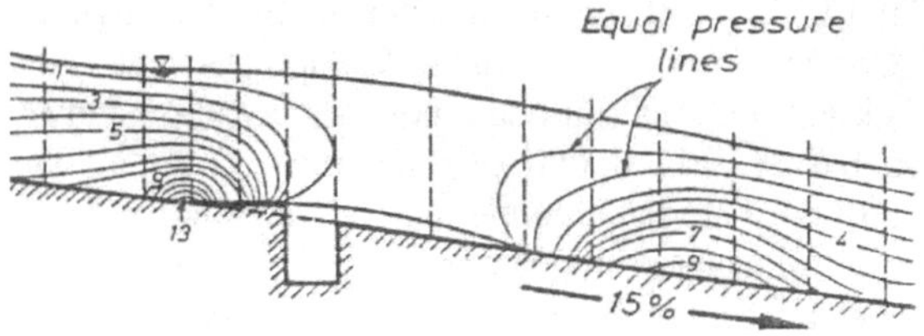

Şekil 5.4. Pinto [54] tarafından sunulan bir havalandırıcı yan duvarlarındaki basınç dağılımı

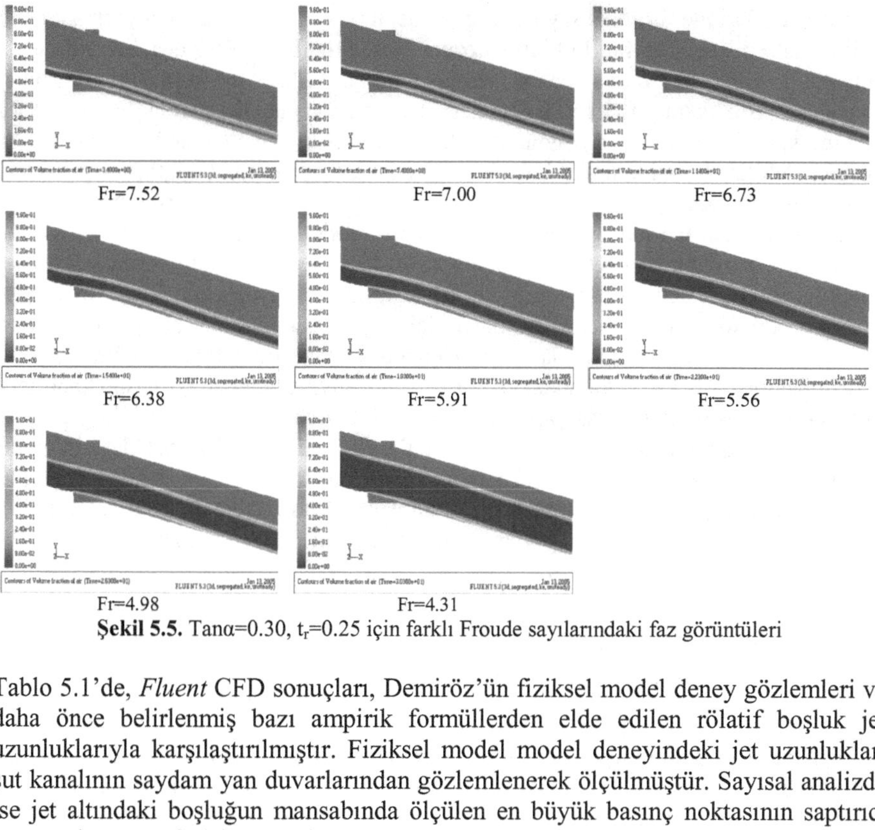

Şekil 5.5. Tanα=0.30, t_r=0.25 için farklı Froude sayılarındaki faz görüntüleri

Tablo 5.1'de, *Fluent* CFD sonuçları, Demiröz'ün fiziksel model deney gözlemleri ve daha önce belirlenmiş bazı ampirik formüllerden elde edilen rölatif boşluk jet uzunluklarıyla karşılaştırılmıştır. Fiziksel model model deneyindeki jet uzunlukları şut kanalının saydam yan duvarlarından gözlemlenerek ölçülmüştür. Sayısal analizde ise jet altındaki boşluğun mansabında ölçülen en büyük basınç noktasının saptırıcı ucuna olan mesafesi jet uzunluğu olarak alınmıştır [16, 39]. Tablo 5.1'deki Hesap sütunundaki değerler Bölüm 3.7'de anlatılan Kökpınar ve Göğüş [22] tarafından elde edilmiş (3.46) denklemi kullanılarak hesaplanmıştır.

$$\left(\frac{L_j}{h}\right)_e = 0.28(Fr)^{1.75}(1+\theta)^{0.22}\left(\frac{t_r+t_s}{h}\right)^{0.44}\left[(1+\tan\alpha)\frac{A_a}{A_w}\right]^{-0.087} \qquad (3.46)$$

Denklem ve tablolardaki; q_w :Birim su debisini, h: Su derinliğini, U_w: Saptırıcıdan önceki ortalama su hızını, Fr: Froude sayısını, θ: Saptırıcı(rampa) açısını, t_r: Saptırıcı yüksekliğini, t_s: Eşik yüksekliğini (burada eşik kullanılmadığından t_s=0), α: Şut kanalı eğimini, A_a: Hava bacası giriş alanını, A_w: Akımın enkesit alanını, L_j: Boşluk jet uzunluğunu, $\lambda_j=L_j/h$ rölatif jet uzunluğunu, *m, f, c* ve *p* indisleri ise sırasıyla model, *Fluent*, hesap ve prototip değerlerini gösterir.

Tablo 5.1 incelendiğinde model jet uzunluğu ile *Fluent* jet uzunlukları arasında belirgin bir farkın olduğu görülür. Ancak hesap değerine bakıldığında bu değerler model değerlerinden *Fluent* sonuçlarına göre daha uzaktır. *Fluent* sonuçları arada kalmakta ve iki değere daha yakın sonuç vermiştir. Ayrıca jet uzunlukları hesap ve *Fluent* değerlerinde Froude sayısıyla genelde ters orantılı iken deneysel sonuçlar aksini göstermiştir. Bu farklılıkların nedeni şunlar olabilir: Birincisi literatürde de belirtildiği gibi *Fluent* ve hesap jet uzunlukları [22], jet altındaki boşluğun mansabındaki maksimum taban basıncına göre ölçülmüştür. Bu model deneyinde ise saydam yan duvarlardan gözleme dayalı ölçülmüştür dolayısıyla hata payı daha yüksek olabilir. İkinci olarak; boşluk alt basınçları, prototip boyutlarında modele oranla daha fazladır. Dolayısıyla prototip jet uzunluğu modele oranla atmosfer altı basınçlardan daha fazla etkilenerek kısalır. Tüm modellerde boşluk alt basınçlarının sıfırlanması bu sorunu çözebilir. Volkart ve Rutschmann [58] tarafından, rölatif jet uzunluğu model ölçeğinin büyümesiyle azalacağını belirtilmektedir [16]. Buna göre 1:25 gibi küçük sayılabilecek bir ölçek için L_j/h model değerleri prototipinkine kıyasla büyük olması doğal olacaktır. Üçüncü olarak; modeldeki ölçüm hataları, amprik bağıntının korelasyon katsayısıyla birlikte, sayısal analizdeki hesap kabulleri, seçilen türbülans modeli ve ağ yapısı sonuçları etkileyebilmektedir.

Bu açıklamalar doğrultusunda *Fluent* ile elde edilen Tablo 5.1'deki değerler diğerlerine göre daha makul görünmektedir. Zaten model ve hesap değerleri birbirinden uzak çıkmasına rağmen *Fluent* dataları her iki değere de daha yakındır.

Kökpınar ve Göğüş [22] rölatif jet uzunluğuna bağlı olarak verdiği (3.17) bağıntısından Bölüm 3'te bahsedilmişti:

$$\beta_{c1} = 0.0189\left(\frac{L_j}{h}\right)^{0.83}\left[\left(\frac{A_a}{A_w}\right)(1+\tan\alpha)\right]^{0.24} \qquad (3.17)$$

Bu denklemden elde edilen sonuçların ölçek etkilerini gidermek için yine Kökpınar ve Göğüş [22] tarafından önerilen Denklem (5.4) kullanılabilir. Ayrıca birçok araştırmacı tarafından jet uzunluğuna bağlı olarak kullanılan (3.12)' denkleminden de Bölüm 3'te bahsedilmişti [1].

$$\beta_{c2} = q_a/q_w = K(L_j/h) \qquad (3.12)$$

Tablo 5.1 tanα=0.30 için rölatif jet uzunluklarının karşılaştırılması

q_w (m^3/s.m)	h (m)	U_w (m/s)	Fr	θ	t_r (m)	t_r/h	A_a/A_w	Deney $(L_J)_m$ (m)	Deney $(L_J/h)_m$	Fluent $(L_J)_f$ (m)	Fluent $(L_J/h)_f$	Hesap $(L_J)_c$ (m)	Hesap $(L_J/h)_c$
15.00	0.74	20.27	7.52	13.13	0.10	0.135	0.405	**15.75**	21.28	**8.05**	10.88	**5.56**	7.51
20.00	0.94	21.27	7.00	13.13	0.10	0.106	0.319	**15.00**	15.96	**8.64**	9.19	**5.73**	6.09
25.00	1.12	22.32	6.73	13.13	0.10	0.089	0.268	**14.50**	12.95	**9.15**	8.17	**5.98**	5.34
30.00	1.31	22.90	6.39	13.13	0.10	0.076	0.229	**14.00**	10.69	**9.43**	7.20	**6.04**	4.61
40.00	1.67	23.95	5.92	13.13	0.10	0.060	0.180	**12.50**	7.49	**10.24**	6.13	**6.18**	3.70
50.00	2.02	24.75	5.56	13.13	0.10	0.050	0.149	**11.25**	5.57	**10.84**	5.37	**6.27**	3.10
70.00	2.72	25.73	4.98	13.13	0.10	0.037	0.110	**9.50**	3.49	**11.43**	4.20	**6.27**	2.31
100.00	3.80	26.31	4.31	13.13	0.10	0.026	0.079	**8.00**	2.11	**11.04**	2.91	**6.04**	1.59
15.00	0.74	20.27	7.52	11.31	0.15	0.203	0.405	**17.75**	23.99	**8.46**	11.43	**6.44**	8.71
20.00	0.94	21.27	7.00	11.31	0.15	0.160	0.319	**17.00**	18.09	**9.00**	9.57	**6.64**	7.06
25.00	1.12	22.32	6.73	11.31	0.15	0.134	0.268	**16.50**	14.73	**9.58**	8.55	**6.94**	6.20
30.00	1.31	22.90	6.39	11.31	0.15	0.115	0.229	**16.00**	12.21	**10.27**	7.84	**7.00**	5.35
40.00	1.67	23.95	5.92	11.31	0.15	0.090	0.180	**15.00**	8.98	**10.96**	6.56	**7.17**	4.29
50.00	2.02	24.75	5.56	11.31	0.15	0.074	0.149	**13.75**	6.81	**11.55**	5.72	**7.27**	3.60
70.00	2.72	25.73	4.98	11.31	0.15	0.055	0.110	**12.25**	4.50	**11.15**	4.10	**7.27**	2.67
100.00	3.80	26.31	4.31	11.31	0.15	0.039	0.079	**10.00**	2.63	**9.97**	2.62	**7.00**	1.84
15.00	0.74	20.27	7.52	9.46	0.20	0.270	0.405	**21.00**	28.38	**8.90**	12.03	**7.06**	9.54
20.00	0.94	21.27	7.00	9.46	0.20	0.213	0.319	**20.25**	21.54	**9.50**	10.11	**7.27**	7.73
25.00	1.12	22.32	6.73	9.46	0.20	0.179	0.268	**19.50**	17.41	**10.30**	9.20	**7.60**	6.79
30.00	1.31	22.90	6.39	9.46	0.20	0.153	0.229	**18.50**	14.12	**10.71**	8.18	**7.67**	5.85
40.00	1.67	23.95	5.92	9.46	0.20	0.120	0.180	**17.00**	10.18	**10.91**	6.53	**7.85**	4.70
50.00	2.02	24.75	5.56	9.46	0.20	0.099	0.149	**16.00**	7.92	**10.91**	5.40	**7.96**	3.94
70.00	2.72	25.73	4.98	9.46	0.20	0.074	0.110	**14.00**	5.15	**10.91**	4.01	**7.96**	2.93
100.00	3.80	26.31	4.31	9.46	0.20	0.053	0.079	**12.00**	3.16	**11.10**	2.92	**7.67**	2.02
15.00	0.74	20.27	7.52	7.59	0.25	0.338	0.405	**22.25**	30.07	**12.14**	16.41	**7.45**	10.07
20.00	0.94	21.27	7.00	7.59	0.25	0.266	0.319	**21.50**	22.87	**13.12**	13.96	**7.68**	8.17
25.00	1.12	22.32	6.73	7.59	0.25	0.223	0.268	**21.00**	18.75	**14.30**	12.77	**8.03**	7.17
30.00	1.31	22.90	6.39	7.59	0.25	0.191	0.229	**20.25**	15.46	**14.70**	11.22	**8.10**	6.18
40.00	1.67	23.95	5.92	7.59	0.25	0.150	0.180	**19.25**	11.53	**15.28**	9.15	**8.29**	4.96
50.00	2.02	24.75	5.56	7.59	0.25	0.124	0.149	**18.00**	8.91	**15.68**	7.76	**8.41**	4.16
70.00	2.72	25.73	4.98	7.59	0.25	0.092	0.110	**16.00**	5.88	**15.68**	5.76	**8.41**	3.09
100.00	3.80	26.31	4.31	7.59	0.25	0.066	0.079	**14.00**	3.68	**13.12**	3.45	**8.10**	2.13

CFD sonuçları ile model deneyi sonuçlarıyla arasında hava giriş oranları bakımından yaklaşık %22 hata bulunmuştur. Fiziksel model ve CFD sonuçları arasında bu farkın ilk bakışta büyük gözükebilir. Fakat bunun sebebi muhtemelen fiziksel model ölçümlerindeki önemli ölçek etkileridir. Bu değerlenin prototipteki karşılıklarını tahmin etmek içim Bölüm 5.1.3'deki Ölçek Etkisi Faktörlerinden uygun olanı kullanılabilir. İki sonuç karşılaştırıldığında Fluent ve fiziksel modelden elde edilen birim hava debileri arasında ortalama $(q_a)_f \cong 1.30(q_a)_m$ oranı bulunmuştur. Escher ve Siegenthaler (1982) tarafından model ve prototip arasındaki bu oran 1.11~1.43 arasında verilmiş ve DSİ TAKK tarafından yapılan deneyde ise bu katsayı 1:30 ölçek için 1.40 alınmıştır [56]. Daha büyük olan 1:25 ölçekli incelediğimiz modelde ölçek etkileri 1:30 ölçekli modele göre daha az olacağından, bu katsayın da daha küçük olması beklenir. O halde model sonuçlarıyla karşılaştırıldığında bu 1.30 katsayısı, *Fluent* değerlerinin prototip değerlerine oldukça yakın olacağını gösterir.

Ayrıca *Fluent* rölatif hava debileri Denklem (3.17)'deki hesap sonuçlarıyla da karşılaştırıldığında; iki değer arasında Denklem (5.4) deki katsayılar, r=0.98 korelasyon katsayısıyla, ξ=5.221 ve ε=1.211 olarak elde edilmiştir. Bu katsayılarla elde edilen sonuçlar ile CFD sonuçları arasında ortalama %11'lik bir hata tespit edilmiştir. Deneysel olarak belirledikleri hava giriş oranları üzerindeki ölçek etkilerini giderip prototipe uyarlamak için Kökpınar ve Göğüş [22] tarafından kullanılan bu katsayılar ise, simetrik havalandırıcılar için ξ=5.194, ε=1.150; asimetrik havalandırıcılar için ise ξ=4.186, ε=1.188 'dir. Elde edilen katsayıların Kökpınar ve Göğüş'ün katsayılarına yakın çıkması *Fluent* değerlerinin Prototip değerlerine uygun olduğunu gösterir [59].

Denklem (3.12)'deki K katsayısı Pinto ve Neidert [8] tarafından K=0.01~0.08, Hamilton (1984) tarafından K=0.01~0.05 [1], Uribante barajı dolusavağı için K=0.02 [1], Foz do Areia barjı dolusavağı havalandırıcısının simetrik durumu için K=0.033, asimetrik durumu için K=0.023 [6], Guri Barajı dolusavağ için K=0.01~0.035 olarak önerilmiştir [1]. CFD analizleriyle elde edilen K=0.023 değeri bu araştırmacıların değerleriyle uyuşmaktadır [59]. Bu durum *Fluent* sonuçlarının hesap sonuçlarıyla yeterince uyuştuğu söylenebilir.

5.3. Prototip Datalarıyla Sayısal Analiz Sonuçlarının Karşılaştırılması

Kavitasyon önleyici havalandırıcılar üzerinde yapılan çalışmaların birçoğunda, Pinto ve diğ. [6] tarafından sululan Brezilya'daki Foz do Areia barajı dolusavak havalandırıcısı prortotip ölçümleri kullanılmıştır. Dolusavak havalandırıcıları için Brezilya'daki Foz do Areia Barajının dolusavağı örnek bir modeldir. Havalandırıcı prototip ölçümleri bakımından en kapsamlı çalışmalardan biri bu barajın dolusavakları üzerinde yapılmıştır. Bu bölümde karşılaştırma amaçlı olarak Foz do Areia barajının 1 nolu havalandırıcısının sayısal modeli çalışılmıştır. Burada dolusavak şut kanalının havalandırıcı bölgesindeki 50 m lik uzunluğu ve 20 m lik genişliği[8] dikkate alınmış ve çözüm zamanını kısaltmak için simetriği alınmıştır. Şut kanalının yatayla yaptığı açı α=14.57°, saptırıcı açısı θ=7.10°, saptırıcı yüksekliği t_r=0.20 m, baca giriş alanı 7.2 m^2, basamak yüksekliği t_s=0 'dır. Sayısal modelin simetrik durumu için elde edilen bazı görünüşler ise Şekil 5.6'da verilmiştir.

[8] Foz do Areia Barajı dolusavağının gerçek genişliği 70.6m'dir. Birim genişlikteki debilerle çalışıldığından ve çözüm zamanını kısaltmak için sayısal modelde 20m genişlik alınmıştır.

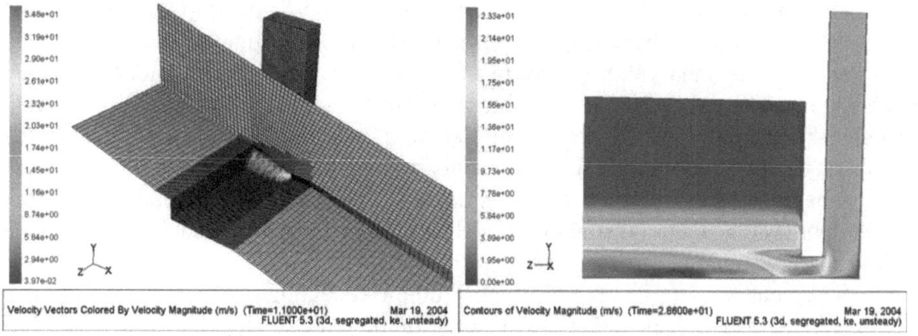

(a) (b)

Şekil 5.6. Foz do Areia (B=10m) CFD sonuçlarından farklı görüntüler. **(a)** Havalandırma bacasından alt basınç bölgesine giren havanın hız vektörleri (q_w=20.82 m^3/s/m), **(b)** Havalandırıcının bulunduğu kanal enkesitindeki hız değişimleri (q_w =7.58 m^3/s/m)

Fluent çözümlerinde çok fazlı akım modellerinden ASM Model kullanılmıştır. Çözüm yöntemi olarak, üç boyutlu (3D) ayrılmış (*Segregated*) ve zamanla değişen çözüm (*unsteady solver*); türbülans modeli olarak, *k-ε* türbülans model kullanılmıştır. Sınır şartları model geometrisine uygun olarak; katı cidar, basınç girişi, hız girişi diye tanımlanmıştır. Atmosfere açık sınırlar *basınç girişi* olarak tanımlanmış ve rölatif atmosfer basıncı olarak 0 pascal alınmıştır.

Şekil 5.7 (a) ve (b)'de q_w= 20.87 m^3/s/m birim debi için sırasıyla statik basıncın ve *z* yönlü hava hızının nap altındaki kanal genişliği boyunca değişimi gösterilmiştir. Şekilde baca giriş ağzı grafiklerde yatay eksenin sol başlangıcındadır (*z*=2.8m). Kanal genişliği boyunca giren havanın hız yüksekliğinin azalmasıyla nap altındaki statik basınçlar artmaktadır (ΔP azalmaktadır). Yani kanal genişliği boyunca nap altındaki basınç dağılımı havanın dinamik etkisinin kontrolündedir. Bu durum Pinto [17], Volkart ve Rutschmann [18] tarafından sunulan basınç dağılımlarına uymaktadır.

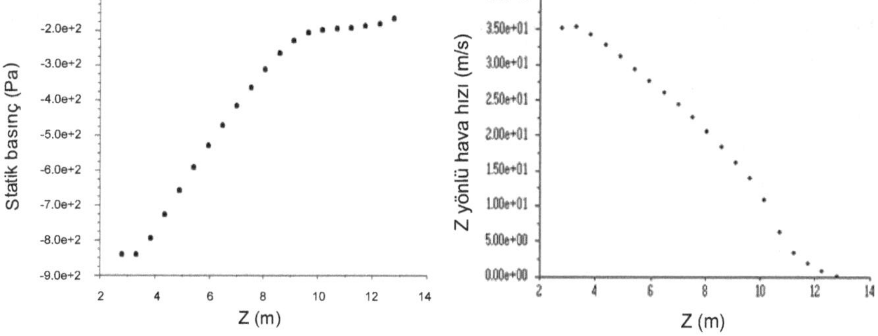

(a) (b)

Şekil 5.7. (a) Kanal genişliği boyunca jet altındaki atmosfer altı basınçların değişimi (q_w=20.87 m^3/s/m) **(b)**Kanal genişliği boyunca jet altındaki havanın z ekseni yönündeki hız değişimi (q_w=20.87 m^3/s/m) (Şut kanalı genişliği *z* ekseninin [2.8m,12.8m] aralığındadır. Hava girişi *z*=2.8m noktasındadır.)

Prototip sonuçlarıyla CFD sonuçları karşılaştırıldığında [59] ortalama olarak yaklaşık %11 gibi bir hata tespit edilmiştir. Özellikle Froude sayısının Fr<8 için değerler birbirine daha yakın çıkmakta ve bu hata ortalama %6'ya kadar düşmekte, yaklaşık Fr=7-8 aralığında ise bire bir aynı sonuçlar elde edilmiştir. Daha büyük Froude sayılarındaki fark seçilen sonlu eleman ağı büyüklüğünün küçük debilerdeki düşük su derinliğine oranla kaba kalmasından kaynaklanıyor olabilir. Doğal olarak, kanal tabanına yakın bölgeler daha hassas sonlu eleman ağına bölündüğü takdirde küçük debilerde de daha iyi sonuçlar alınabilir. Fakat daha hassas sonlu elaman ağına bölme çözüm zamanını arttıracaktır.

Kökpınar ve Göğüş'ün [22] (3.17) ampirik bağıntısı, ölçek etkileri dikkate alınmadığı zaman gerçek değerlerden çok uzaktır. Ancak Denklem (5.4) ile ölçek etkileri giderildiği taktirde gerçek sonuçlara yakın değerler elde edilmektedir. Ayrıca bu bağıntılar hız ve Froude değerlerinin belli sınırlar içerisinde kaldığı durumlar için geçerlidir. Denklem (3.17)'nin prototip sonuçlarıyla karşılaştırıldığında ise ortalama %8'lik bir hata mevcut olduğu görülmüştür. Ölçümlerde yapılabilecek hatalar ile sayısal yöntemdeki belirsizlikler düşünüldüğünde bu hata miktarlarının makul olduğu söylenebilir. Daha hassas meş yapısının kullanılmasıyla ve sayısal hataların kalibre edilmesiyle bu hata payları daha da aşağıya çekilebilir.

Küçük ölçekli modellerde karşılaşılan büyük ölçek etkileri ve büyük ölçekli modellerin ise yapım zorlukları deneysel çalışmalarda dikkate alınması gereken önemli konulardır. İster büyük ister küçük ölçekli modeller olsun, ölçek etkilerinden çoğu durumda kaçınmak mümkün olmaz. Bu nedenle model deneyi çalışmalarına ek olarak ölçek etkilerinin belirlenmesi gerekir. Her deney için yapılacak ölçek etkisi çalışması için ise prototip değerlerine ihtiyaç duyulur. Prototip ölçümlerindeki azlıklar, zorluklar ve prototiplerin tek örnek olması bu durumu oldukça zorlaştırmaktadır. Bu nedenle ölçek etkileri üzerinde net ve genel kriterler belirlenememektedir.

Fiziksel model deneyleri yanında CFD modelleriyle 1:1 ölçekli çalışılabilindiğinden ölçek etkileri söz konusu olmayacaktır. Hazırlanması da model deneylerine göre fazla emek ve maliyet de gerektirmez. CFD modellerinin fiziksel model deneylerine göre verdiği sonuçlar bu bölümde anlatıldığı gibi oldukça kabul edilebilir düzeyde olduğu görülmüştür. Sonuç olarak iyi ve doğru bir şekilde kurulmuş ve kalibre edilmiş bir CFD modellerden, fiziksel modellerle birlikte kullanıldığında oldukça iyi ve detaylı sonuçlar alınabilir.

CFD modeller kullanılırken, seçilen ağ yapısı (meş) ve matematiksel modellerin doğrulanmasına ve geçerliliği kontrol edilmelidir. Elde edilen sonuçların meş yapısına, seçilen türbülans ve diğer matematiksel modellere karşı hassasiyeti incelenmelidir. Özellikle çözüm meş yapısı ve kalitesi dikkatli bir şekilde belirlenmelidir. Ayrıca sayısal çözümlemede iteratif yakınsamanın sağlanması gerekmektedir. Bunun için, sayısal iterasyon sırasında kalıntı terimlerinin en az 10^{-3}'ün altına düşmesi sağlanmalıdır. CFD modellerin eldeki mevcut deney veya prototip ölçümleriyle karşılaştırılması, sayısal modelin geçerlililği ve hata payının tahmin edilmesi bakımından önemlidir.

6. Alttan Alışlı Havalandırıcı Tipi

Bölüm 3.12'de, batık havalandırıcı durumu tanımlanmış ve klasik havalandırıcıların bazı durumlarda hava karışımını beklendiği gibi sağlayamayacağı ve bunun nedenleri açıklanmıştı. Bu bölümde, geniş dolusavak şut kanallarında bile üniform hava karışımı sağlayabilen ve basınç dağılımlarını dengeleyerek batık havalandırıcı durumunu engelleyebilecek farklı bir havalandırıcı tipi önerilmiştir. Bu havalandırıcı tipinin çalışma prensibi diğerlerinden çok farklı olmamakla birlikte, tabana belirli aralıklarla yerleştirilen girişler sayesinde özellikle geniş şut kanallarında kanal genişliği boyunca üniform bir hava karışımı sağlar. Havalandırıcı, klasik havalandırıcılarda olduğu gibi bir saptırıcı (rampa), bu saptırıcının hemen mansabında, şut tabanı üzerinde kanal genişliği boyunca belirli aralıklarla sıralanmış belirli çaptaki bacalar ve bu bacaları besleyebilecek kadar büyük kesitli ana besleme galerisinden oluşur. Bu galeri yan duvarlardan atmosfere açılabilir. Saptırıcı, kanal tabanı üzerindeki yüksek hızlı su jetini tabandan yükselterek bir alt basınç bölgesi oluşturur. Bunun için küçük açılı bir saptırıcı yeterli olmaktadır. Jet altındaki atmosfer altı basınçlar, tabana yerleştirilen ve ana hava galerisiyle beslenen bacalar tarafından havayı emerek akıma karıştırır.

Yandan alışlı klasik havalandırıcı tiplerinde kanal genişliği boyunca jet altında enerji kayıpları oluşur. Jet altındaki atmosfer altı basınçlar jetin alt napını savak yüzeyine doğru çeker. Bu durum kanal genişliğince nap altındaki enerji kayıplarını daha da arttırır ve havanın nap altında akıma dik hareketini kısıtlar. Havanın çoğu giriş ağızları yakınında akıma karışır ve kanal genişliği arttıkça orta bölgelere daha az hava ulaşır. Bu nedenle kenar bölgeler ortalara göre daha fazla havalandırılmış olur. Hatta şut genişliği arttıkça yeterli hava orta kısımlara ulaşamaması durumunda orta kısımlar tamamen batık hale gelebilir. Önerilen havalandırıcı da ise alttan hava girişleri sayesinde tüm kanal enkesiti boyunca üniform bir hava karışımı sağlamak ve basınç dağılımlarını dengelemek mümkün olabilir. Böylece batık hale gelme riski oldukça azaltılabilir. Şekil 6.1'deki havalandırıcı *"Alttan alışlı havalandırıcı"* diye adlandırılmıştır. Şekil 6.3'de ise *"Klasik havalandırıcı"* tipi gösterilmiştir.

Bazı araştırmacılar *Alttan Alışlı Havalandırıcılara* kısmen benzer havalandırıcı örneklerine değinmiştir [1, 56]. Dicle nehri üzerinde planlanan Ilısu Barajı dolusavak havalandırıcısı için benzer bir tasarım yapılmak istenmiştir [56]. İlk tasarımda asıl havalandırma yine klasik havalandırıcı prensibi ile yandan olmakta, buna ek olarak yerleştirilmiş galeri ve dağıtım borularıyla kanal genişliğince orta bölgelere daha fazla hava sağlanması düşünülmüştür. Fakat bu tür bir havalandırıcının çalışma prensipleri tam olarak bilinmediğinden ve maliyeti arttıracağından tasarım sonradan değiştirilerek iki farklı bacadan beslenen melez bir havalandırıcı tipi seçilmiştir (Şekil 6.2). Ilısu için son kabul edilen tasarımın model deneylerinde klasik kısmının batık havalandırıcı durumuyla karşılaşılmıştır [56]. Alttan alışlı havalandırıcı tipinde havalandırma yandan olmayıp belirli aralıklarda alttan olacaktır. Bu şekilde maliyet ve işçilik açısından basit, performans bakımından etkili bir havalandırıcı tipi hedeflenmiştir.

Alttan alışlı havalandırıcıların diğer havalandırıcılara göre performansını belirlemek için yandan alışlı bir havalandırıcı (Klasik havalandırıcı tipi) ile alttan alışlı bir havalandırıcıların sayısal model sonuçları karşılaştırılmıştır. Düşük Froude sayılarında bile batık havalandırıcı durumunda kavitasyon riskinin olabileceği hatırlanırsa bu durumun bir şekilde bertaraf edilmesi gerekir. Batık havalandırıcılar için Alttan Alışlı Havalandırıcı tipi iyi bir çözüm olabilir.

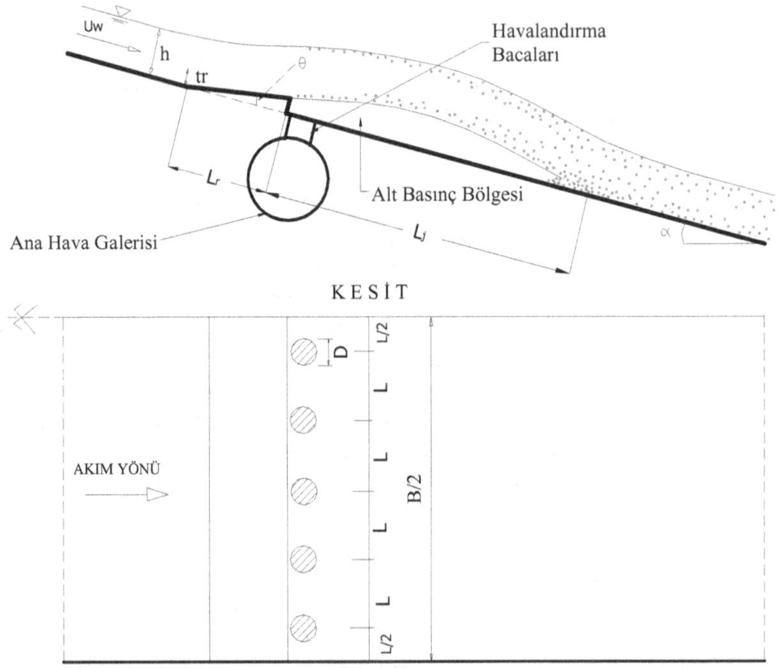

Şekil 6.1 Alttan alışlı havalandırıcı tipi [60]

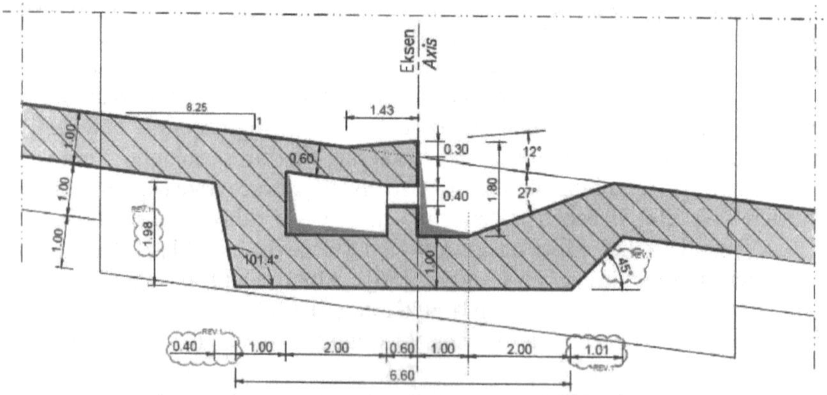

Şekil 6.2. Ilısu barajı dolusavak havalandırıcısı (DSİ Revize tasarım)

6.1. Çalışılan Modeller[9]

Klasik bir havalandırıcı; temel olarak suyu tabandan saptırmak amacıyla bir saptırıcı, jet altında havanın gireceği bir oluk ve bu oluğu atmosfere açarak havayla besleyen yan bacalardan oluşmaktadır. Seçilen klasik havalandırıcı modeli, birçok çalışmada model olarak kullanılan Brezilya'daki Foz do Areia barajı dolusavak havalandırıcı geometrisinin benzeridir. Alttan alışlı havalandırıcı tipi ise yukarıda bahsedildiği gibi bir saptırıcı, saptırıcının hemen mansabında kanal genişliği boyunca sıralanmış bacalar ve bunları besleyen ana havalandırma galerisinden oluşmaktadır. İki tip havalandırıcıda da saptırıcı yüksekliği tr=0.20 m, saptırıcı uzunluğu Lr=1.50 m, Saptırıcı açısı θ=7.59°, kanal eğimleri α=14.57°'dir. Bu değerler Foz do Areia 1 nolu dolusavak havalandırıcısının değerleriyle aynıdır. Kanal genişlikleri boyunca hava karışımını ve basınç dağılımlarını inceleyebilmek için 50 m'lik bir kanal genişliği dikkate alınmıştır. Klasik havalandırıcı tipinde iki kenardan toplam 2x1.00x2.80=5.60 m^2 hava giriş ağzı bırakılmıştır. Alttan alışlı havalandırıcıda ise 2.50 m aralıkla 20 adet D=0.60 m çapında dairesel bacalar (borular) tabana yerleştirilmiştir. Bu havalandırıcının hava giriş alanı toplam; A_a=0.28x20=5.60 m^2 alınmıştır. Çözüm zamanı ve kolaylığı için kanalın orta ekseni simetri ekseni olarak alınıp modelin yarısı için çözümler yapılmıştır.

Karşılaştırmada birim debiler 8.0~75.0 m^3/s/m, su derinlikleri 0.40~2.50 m, akım hızları 20~30 m/s, Froude sayıları ise 6.05~10.10 arasındaki değerler dikkate alınmıştır. Çözümler için Fluent yazılımı kullanılarak sayısal analizler yapılmıştır. Üç boyutlu modeller toplam 592518 ve 486358 hexahedral hücreye bölünmüştür. Daha iyi sonuç alabilmek için havalandırma olayının cereyan ettiği bölge diğer kısımlara göre daha küçük hücreli sonlu elemanlara bölünmüştür. Çözümde k-epsilon türbülans model kullanılmıştır. Taban ve yan duvarların pürüzlülüğü beton yüzey düşünülerek k_s=0.001 m alınmıştır. Fluent yazılımındaki çok fazlı akım modellerinden ASM Model kullanılmıştır. Atmosfer basıncı sıfır kabul edilerek rölatif basınçlar dikkate alınmıştır. İki ayrı modelin geometrisi Şekil 6.3 ve Şekil 6.4'te gösterildiği gibidir.

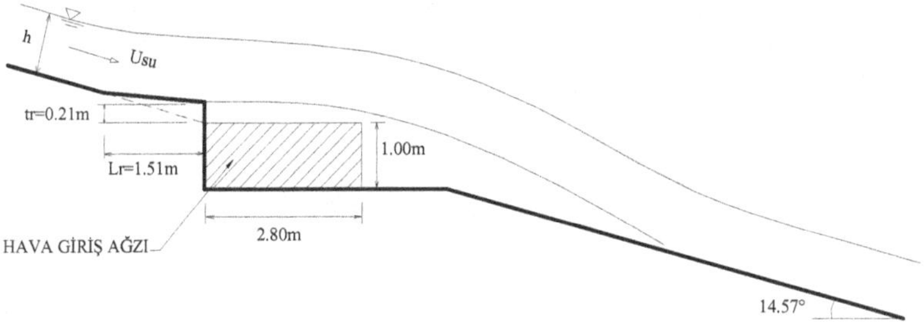

Şekil 6.3 Yandan alışlı (klasik) havalandırıcı [61]

[9] 6.1, 6.2 ve 6.3 kısımları II. Ulusal Su Mühendisliği Sempozyumu s:363-374, İzmir, Türkiye, Eylül 2005'te yazar tarafından bildiri olarak sunulmuş ve bildiri kitabında yer almıştır [61].

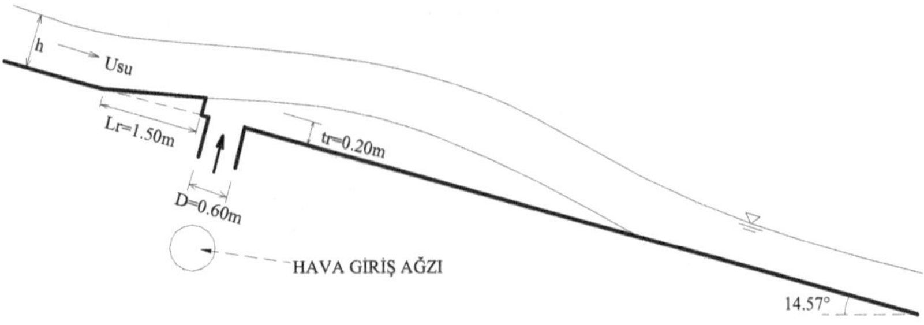

Şekil 6.4 Alttan alışlı havalandırıcı [61]

6.2. Alternatif Havalandırıcı Tiplerinin Değerlendirilmesi

Hava giriş kesitindeki ortalama hız, çözümlerden alınarak giren havanın debisi hesaplanmıştır. Saptırıcının hemen mansabındaki jet altı boşluk boyunca atmosfer altı basınçların ortalaması, ΔP olarak alınmıştır. Hava giriş oranı birçok araştırmacının dikkate aldığı boyutsuz β katsayısıyla ifade edilmiştir. Basınçlar ise Tan [11] tarafından belirlenen boyutsuz P_N sayısıyla temsil edilmiştir [22].

Taban eğimi α=14.57°, saptırıcı yüksekliği t_r=0.20 m, savak genişliği B=50 m, hava giriş alanı A=2.8 m^2 (simetrik) için klasik bir havalandırıcının simetrik durumdaki sonuçları Tablo 6.1 de verilmiştir.

Tablo 6.1 Klasik havalandırıcı için sonuçlar [61]

q_w (m^2/s)	h (m)	U_w (m/s)	Fr (--)	U_a (m/s)	q_a (m^2/s)	β (--)	ΔP (Pa)	P_N (--)
8.00	0.40	20.00	10.10	39.31	4.40	0.55	2763	0.7054
13.00	0.60	21.67	8.93	42.78	4.79	0.37	3719	0.6330
18.00	0.80	22.50	8.03	44.36	4.97	0.28	4644	0.5928
24.00	1.00	24.00	7.66	48.87	5.47	0.23	5390	0.5504
40.00	1.50	26.67	6.95	54.77	6.13	0.15	6859	0.4670
56.00	2.00	28.00	6.32	56.10	6.28	0.11	7910	0.4039
75.00	2.50	30.00	6.06	61.16	6.85	0.09	8766	0.3581

Tablo 6.2 Alttan alışlı havalandırıcı için sonuçlar [61]

q_w (m^2/s)	h (m)	U_w (m/s)	Fr (--)	U_a (m/s)	q_a (m^2/s)	β (--)	ΔP (Pa)	P_N (--)
8.00	0.40	20.00	10.10	45.00	5.04	0.63	1726	0.4407
13.00	0.60	21.67	8.93	50.36	5.65	0.43	2152	0.3663
18.00	0.80	22.50	8.03	51.03	5.72	0.32	2354	0.3005
24.00	1.00	24.00	7.66	57.04	6.39	0.27	2748	0.2806
40.00	1.50	26.67	6.95	67.00	7.50	0.19	3770	0.2567
56.00	2.00	28.00	6.32	66.12	7.41	0.13	3667	0.1872
75.00	2.50	30.00	6.06	72.44	8.11	0.11	4377	0.1788

Taban eğimi α=14.57°, Saptırıcı yüksekliği t_r=0.20 m, savak genişliği B=50 m, boru çapları D=0.60 m, baca aralıkları L=2.50 m, toplam hava giriş alanı A=2.8 m^2 (simetrik) için alttan alışlı havalandırıcının simetrik durumdaki sonuçları Tablo 6.2 de verilmiştir.

Tablolardaki, q_a: Havalandırıcı aygıttan sağlanan birim hava debisi (m^3/s/m), q_w: Birim su debisi (m^3/s/m), U_w: Ortamla su hızı (m/s), U_a: Giriş ağzından giren hava hızı (m/s), $\beta = q_a / q_w$: Boyutsuz hava giriş katsayısı, $Fr = U_w / \sqrt{gh}$: Froude sayısı, $P_N = \Delta P / \rho_w g h$: Boyutsuz basınç sayısı, ΔP: Atmosfer basıncı ile alt nap altındaki boşluk basıncı farkı (N/m^2), h: Yaklaşan akımın ortalama derinliği (m)'dir.

Tablo 6.1 ve Tablo 6.2 karşılaştırıldığında aynı hava giriş kesitine sahip iki havalandırıcıdan alttan alışlı havalandırıcının havalandırma performansının (β) daha iyi olduğu görülür. Basınç sayıları (P_N) alttan alışlı havalandırıcılarda klasik havalandırıcıyla kıyasla daha küçüktür. Bundan dolayı alttan alışlı havalandırıcılarda batık hale gelme riskinin daha az olduğu anlaşılır. Klasik havalandırıcılar için, büyük Froude sayılarında ve hava ihtiyacı karşılandığı durumda, alt basınç farkları (ΔP) hava giriş ağızlarına yakın bölgelerde kanal genişliğinin ortalarına nazaran daha büyük olur. Foz do Areia barajı dolusavak havalandırıcısı üzerinde yapılan basınç ölçümlerinde simetrik durum için benzer dağılım elde edilmiştir [17]. Benzer alt basınç dağılımları farklı bazı araştırmacılar tarafında da sunulmuştur [1, 2, 17, vs]. Şekil 6.4(a)'da görüldüğü gibi nap altındaki Z yönlü (akıma dik eksen) hava hızları baca giriş ağzında yüksek, ortalara doğru düşmektedir. Dinamik etkiler nedeniyle ($\rho U_a^2/2$), nap altında kenarlardaki statik basınçlar ortalara göre daha düşük olacaktır. Su derinliği h=1.0 m, ortalama su hızı U_w=40 m/s alınarak Fr=12.77 gibi yüksek bir Froude sayısıyla elde edilen basınç farkının (ΔP) kanal genişliği boyunca dağılımı Şekil 6.4(b)'de görüldüğü gibidir. Bu dağılım beklenen basınç dağılımına uymaktadır. Bu şekildeki bir dağılım kanal genişliğince yeterli havalandırmanın sağlandığını gösterir.

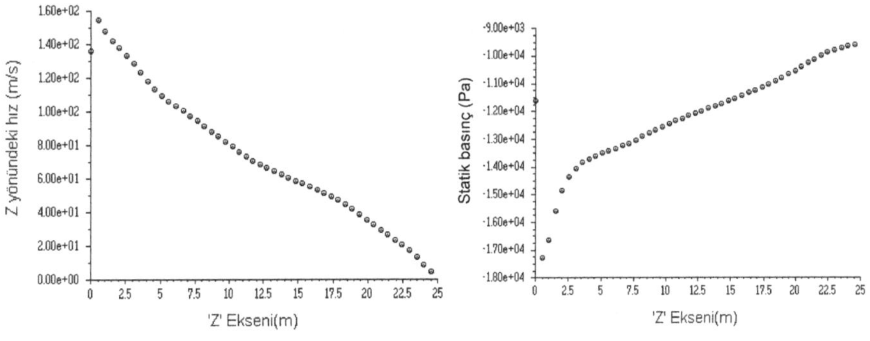

(a) (b)

Şekil 6.4 Fr=12.77 için klasik havalandırıcıda kanal genişliği boyunca
(a) Z yönlü hava hızlarının değişimi **(b)** Jet altındaki alt basınçların değişimi [61]

Yukarıdaki durumun aksine, Şekil 6.5'de zıt basınç dağılımları söz konusudur. Yani jet altındaki ΔP basınç farkları kenarlarda daha küçük, kanal genişliği boyunca ortalara doğru artmaktadır. Hava girişinden itibaren, şut kanalı genişliğince enerji kayıpları arttığından kanal ortalarına yeterli hava ulaşamayacak ve basınç dağılımı klasik basınç dağılımının aksi bir hal alacaktır. *Fr* sayısı azaldıkça şut kanalının ortalarına doğru basınç farkları artmaktadır. Böyle bir durum havalandırıcının batık çalışma riskinin olduğunu ve kanal enkesiti boyunca üniform olmayan bir hava karışımını gösterir. *Fr* sayısının düşük değerlerinde veya havalandırıcı giriş ağzının hava ihtiyacını karşılamakta yetersiz kalması halinde bu durumla karşılaşılabilir. Şekillerdeki 'Z' ekseninin sıfır değeri hava giriş ağzının bulunduğu kenarı, 25 m değeri ise kanalın tam ortasını yani simetri ekseninin geçtiği noktayı gösterir.

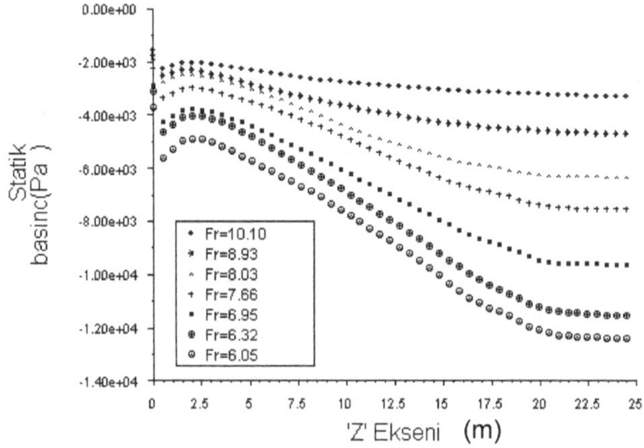

Şekil 6.5 Klasik havalandırıcı için farklı Fr sayılarında kanal genişliği boyunca jet altındaki statik basınçlar [61].

Alttan alışlı havalandırıcılarda ise, havalandırma tabana yerleştirilmiş belli aralıktaki havalandırma ağızlarıyla sağlandığınından kanal genişliği boyunca basınç değişimleri fazla değişmemekte ve kasik havalandırıcılara göre dar bir değer aralığında salınım yapmaktadır. Böylece alttan alışlı havalandırıcılarda kanal genişliği boyunca basınç değişimlerinin hava girişini çok fazla etkileyemeyeceği söylenebilir.

Şekil 6.6'da klasik ve alttan alışlı havalandırıcıların sayısal analizlerden elde edilen, akımın alt ve üst nap görünüşleri verilmiştir. Şekil 6.6(a)'da görüleceği gibi klasik havalandırıcıda basınçların daha fazla düştüğü kanal ortalarında, alt basınçların etkisiyle jet uzunluğu azalmıştır. Dolayısıyla orta bölgedeki hava karışımı da azalacaktır. Şekil 6.6(b)'de ise daha düşük bir *Fr* (3.83) sayısı seçilmesine rağmen kanal boyunca daha üniform bir hava girişi görülür. Şekil 6.7'de klasik ve alttan alışlı havalandırıcıların *Fr*=6.06 değeri için kanal tabanlarındaki faz oranları gösterilmiştir. Şekil 6.7(a) ve (b) karşılaştırıldığında, havalandırıcı mansabında kanal genişliğince hava karışımının alttan alışlı havalandırıcıda daha üniform olduğu, klasik havalandırıcıda ise ortalara doğru hava konsantrasyonunun azaldığı görülür. Klasik havalandırıcıdaki bu durum *Fr* sayısı azaldıkça daha belirgin olur ve sonunda havalandırıcı batık hale gelebilir. Şekil 6.7(a)'da kenar duvarın hemen bitişiğindeki daha az hava karışımının nedeni kenar duvarındaki kayma direnci ve kenar duvarda gelişen sınır tabakasıdır. Şekil 6.8'de ise klasik ve alttan alışlı havalandırıcıların *Fr*=6.06 değeri için şut kanalı tabanı, yan duvar ve simetri ekseni üzerindeki basınç dağılımları gösterilmiştir. Şekil 6.8(a)'da jet altı bölgesinde kanal genişliğince atmosfer altı basınçlar düşerken, Şekil 6.8(b)'de atmosfer altı basınçlar daha dengelidir.

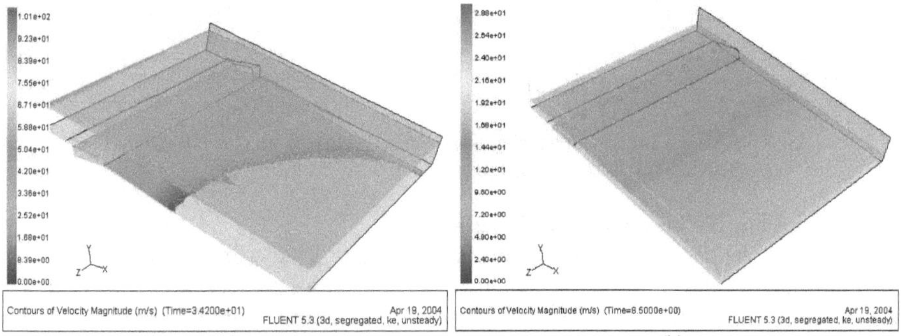

(a) (b)

Şekil 6.6 (a) Klasik havalandırıcılı için serbest yüzeyler (Fr=6.06)
(b) Alttan alışlı havalandırıcı için serbest yüzeyler (Fr=3.83) [61]

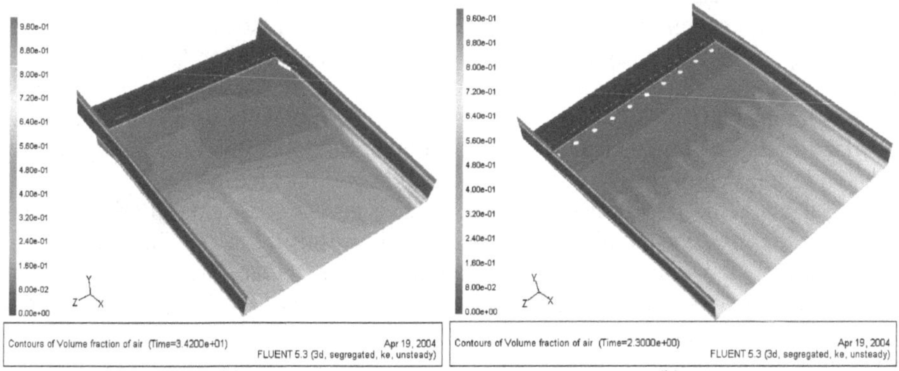

(a) (b)

Şekil 6.7 (a) Klasik havalandırıcı mansabındaki taban hava karışımı (Fr=6.06)
(b) Alttan alışlı havalandırıcı mansabındaki taban hava karışımı (Fr=6.06) [61]

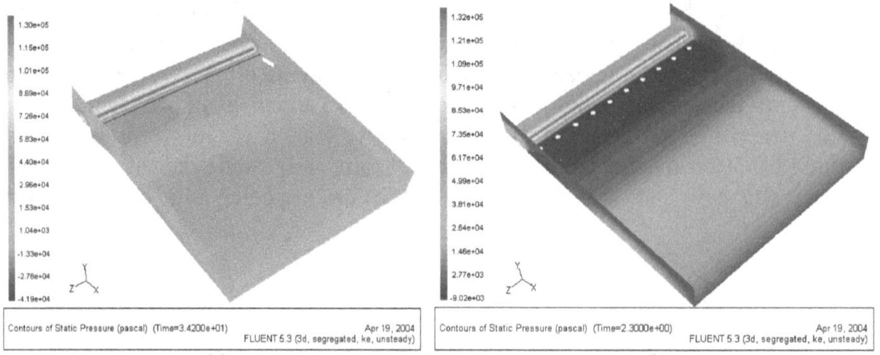

(a) (b)

Şekil 6.8 (a) Klasik havalandırıcı için taban basınçları (Fr=6.06)
(b) Alttan alışlı havalandırıcı için taban basınçları (Fr=6.06) [61]

6.3. Düşük Froude Sayılarındaki Durum

Fr=3.83 için Şekil 6.9(a) ve (b) karşılaştırıldığında, klasik havalandırıcı ile alttan alışlı havalandırıcıların düşük *Fr* sayılarındaki farkı çok açık şekilde görünmektedir. Klasik havalandırıcıda *Fr*=3.83 gibi düşük bir değerde, kanal kenarları dışında havalandırıcı büyük ölçüde batık hale gelmekte ve yeterli bir hava karışımı sağlayamamaktadır. Bu durumda kanalın orta bölgelerinde kavitasyon hasar riski oluşur. Şekil 6.9(b)'de ise alttan alışlı havalandırıcının *Fr*=3.83 için tabandaki hava karışımının oldukça üniform ve yeterli olduğu görülür. Şekil 6.10'da ise klasik ve alttan alışlı havalandırıcıların *Fr*=3.83 için şut kanal tabanındaki basınç dağılımları gösterilmiştir. Şekil 6.10(a) ve (b) karşılaştırıldığında düşük Froude sayılarında, jet altındaki alt basınç dağılımı bakımından alttan alışlı havalandırıcının klasik havalandırıcıya göre üstünlüğü görülür. Bu iki şekilde (Şekil 6.9 ve 6.10), alttan alışlı havalandırıcıların klasik havalandırıcılara göre özellikle düşük Froude sayılarında daha iyi basınç dağılımı ve hava karışımı sağladığı görülmektedir.

Şekil 6.11'de iki havalandırıcı tipinin hava giriş bölgesi enkesitlerinde, kanal genişliği doğrultusundaki giren hava hızları gösterilmiştir. Klasik havalandırıcıda hava akımı su jeti altına sadece yan taraftan girerken; alttan alışlı havalandırıcıda belirli aralıklarla jet altındaki alt basınç bölgesi beslenmektedir. Böylelikle oldukça geniş dolusavak şut kanallarında bile kanal enkesiti boyunca üniform bir hava karışımı sağlanabilir.

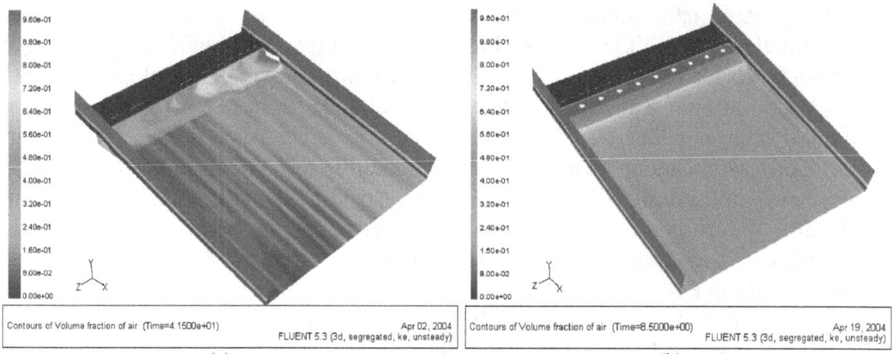

(a) (b)

Şekil 6.9(a) Klasik havalandırıcı mansabındaki taban hava karışımı (Fr=3.83) **(b)** Alttan alışlı havalandırıcı mansabındaki taban hava karışımı(Fr=3.83) [61]

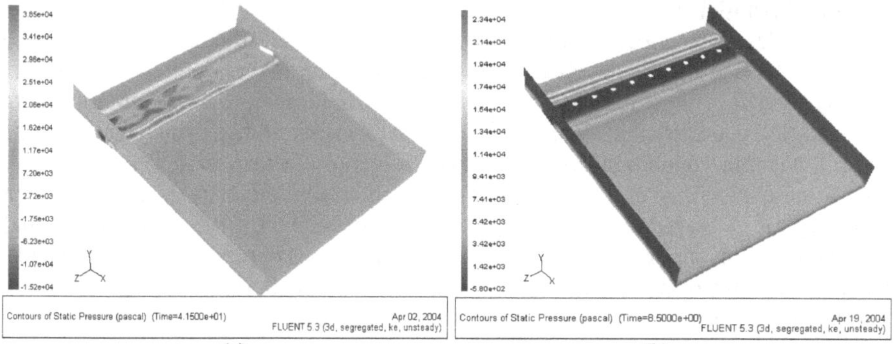

(a) (b)

Şekil 6.10(a) Klasik havalandırıcı için şut kanalı tabanındaki basınçlar (Fr=3.83) **(b)** Alttan alışlı havalandırıcı için şut kanalı tabanındaki basınçlar (Fr=3.83) [61]

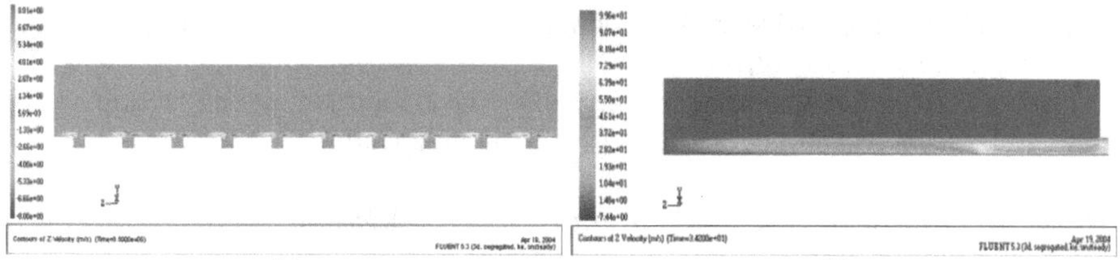

(a) (b)

Şekil 6.11(a) Alttan alışlı havalandırıcı için kanal enkesitindeki Z yönlü hava hızları (Fr=3.83) **(b)** Klasik havalandırıcı için kanal enkesitindeki Z yönlü hava hızları (Fr=6.06). [61]

Bu bölümde iki tip havalandırıcının performansları karşılaştırılmıştır. Özellikle geniş dolusavak şut kanallarında yandan alışlı klasik havalandırıcılar şut genişliği boyunca üniform bir hava karışımı sağlayamaz ve bu havalandırıcıların düşük Froude sayılarında batık hale gelme riski yüksektir. Bu bölümde önerilen alttan alışlı havalandırıcıların özellikle düşük Froude sayılarında ve geniş dolusavak şut kanallarında klasik havalandırıcılara göre daha etkin çalıştığı gösterilmiştir. Alttan alışlı havalandırıcılar sayesinde daha fazla ve daha üniform bir hava karışımı sağlanması mümkündür. Havalandırıcının batık çalışma riski de azaltılmış olur. Uygulanabilirlik açısından da alttan alışlı havalandırıcıların yapım maliyeti ve işçiliği klasik havalandırıcılardan çok farklı olmayacaktır. Birçok araştırmacı batık havalandırıcı durumunu tanımlamasına rağmen bununla ilgili yeterli çalışma yapılmamıştır. Özellikle batık çalışma riskini önlemek için Alttan Alışlı Havalandırıcıların kullanılması önerilebilir.

Bu bölümde alttan alışlı havalandırıcı tipinde, ana besleme galerisi boyutları ve galeri boyunca enerji kayıpları dikkate alınmamıştır. Ana galeri enkesitinin yeterli havayı sağlayacak büyüklükte olduğu kabul edilmiştir. Ana galerinin etkileri ayrıca incelenebilir.

6.4. Boyut Analizi

Şekil 6.1'de, incelenecek Alttan Alışlı Havalandırıcı modelinin tipik şekli gösterilmiştir. Bu tip bir havalandırıcının havalandırma olayına etki eden bağımsız parametreler üç grupta toplanabilir. Bunlar; akışkanların özellikleri, dolusavak ve havalandırıcı geometrisinin özellikleri ve akım özellikleridir. Suyun yoğunluğu ρ_w (kg/m^3), havanın yoğunluğu ρ_a (kg/m^3), suyun dinamik viskozitesi μ_w (N.s/m^2), su ve hava arasındaki yüzey gerilimi σ_s (N/m) akışkan özellikleri olarak; dolusavak şut kanalı eğimi α, saptırıcı açısı θ, şut kanalı genişliği B (m), saptırıcı (rampa) yüksekliği t_r (m), saptırıcı uzunluğu L_r (m), hava giriş ağzı çapı D (m) (veya alanı), kanal tabanı üzerindeki hava giriş ağızları arasındaki mesafe L (m), yüzey pürüzlülüğü k_s (m), ana galeri kesit alanı A (m^2) dolusavak ve havalandırıcı geometrisi olarak; giren havanın debisi Q_a (m^3/s), yaklaşan akımın ortalama hızı $U_w=U_{su}$ (m/s), yaklaşan akım derinliği h (m), türbülans yoğunluğu Tu, su jeti altındaki boşluk altbasınç ile atmosfer basıncı farkı (boşluk alt basınçları) ΔP (N/m^2), su jetinin uzunluğu L_j (m) ise akım özellikleri olarak alınabilir. Havalandırıcı üzerindeki akım serbest yüzeyli akım olduğundan yerçekim ivmesi de olaya etki eden parametreler arasında yer alır.

Alttan alışlı havalandırıcılar üzerindeki havalandırma olayını belirleyen bu parametreler Denklem (6.1) deki fonksiyon ile tanımlanabilir.

$$f(Q_w,Q_a,U_w,h,L_j,\Delta P,\rho_w,\rho_a,\mu_w,\sigma_s,g,\alpha,\theta,t_r,L_r,D,L,k_s,A,Tu)=0 \qquad (6.1)$$

Burada θ sabit alınıp, saptırıcı yüksekliği olan t_r değişken alındığında saptırıcı uzunluğu olan L_r de t_r ile temsil edilebilir. Bu bölümdeki analizlerde θ=7.59^o olarak alınmıştır. Hava yoğunluğu ρ_a sabit olarak ve yüzey pürüzlülüğü k_s beton yüzeyler için yaklaşık 0.5~1.0 mm arasında sabit bir değer olarak alınabilirler [40]. Ayrıca bu çalışmada ana havalandırma galerisinin kesit ve yük kayıpları etkisi dikkate alınmamıştır. Dolusavak havalandırıcıları için türbülans yoğunluğu Tu, Chanson [4, 24], Rutschmann ve Hager [41, 62], Pinto ve diğ. [40] gibi birçok araştırmacı tarafından ihmal edilmiştir. Burada da türbülans yoğunluğunun (*Tu*) hava giriş olayı üzerindeki etkisi ihmal edilmiştir. Bu parametreler çıkartılırsa, Denklem (6.1) aşağıdaki gibi yeniden yazılabilir.

$$f(Q_w, Q_a, U_w, h, L_j, \Delta P, \rho_w, \mu_w, \sigma_s, g, \alpha, t_r, D, L) = 0 \qquad (6.2)$$

Olay üzerindeki boyut etkisini ortadan kaldırmak için Denklem (6.2)'deki parametrelerden elde edilecek boyutsuz parametreler kullanılmalıdır. Temel büyüklükler olarak kütle (*M*), uzunluk(*L*) ve zaman(*T*), tekrarlanan büyüklükler olarak da U_w, h ve ρ_w seçilerek PI teoremi uygulanırsa olay üzerinde ekili olacak boyutsuz parametreler bulunabilir. Bu boyutsuz parametreler aşağıda elde edilmiştir.

$$F(\Pi_1, \Pi_2, \Pi_3 \Pi_4, \Pi_5, \Pi_6, \Pi_7, \Pi_8, \Pi_9, \Pi_{10}) = 0 \qquad (6.3)$$

$$\Pi_1 = U^{-1} h^{-1} \rho^{-1} \mu = \frac{\mu}{Uh\rho} = \frac{\nu}{Uh} = \frac{1}{\mathrm{Re}} \text{ (Reynolds sayısı)}$$

$$\Pi_2 = U^{-2}.h^1.\rho^0.g = \frac{gh}{U^2} = \frac{1}{Fr^2} \text{ (Froude sayısı)}$$

$$\Pi_3 = U^{-2}.h^0.\rho^{-1}.\Delta P = \frac{\Delta P}{\rho U^2} = \frac{1}{E} \text{ (Euler sayısı)}$$

$$\Pi_4 = U^{-2}.h^{-1}.\rho^{-1}.\sigma_s = \frac{\sigma_s}{\rho h U^2} = \frac{1}{We} \text{ (Weber sayısı)}$$

$$\Pi_5 = U^0.h^{-1}.\rho^0.t_r = \frac{t_r}{h} \text{ (Rölatif rampa yüksekliği)}$$

$$\Pi_6 = \frac{D}{h} \text{ (Rölatif hava giriş çapı)}$$

$$\Pi_7 = \frac{L}{h} \text{ (Rölatif hava bacası aralığı)}$$

$$\Pi_8 = \alpha \text{ (Şut kanalı eğimi)}$$

$$\Pi_9 = \frac{L_j}{h} = \lambda_j \text{ (Rölatif jet uzunluğu)}$$

Q_w ve Q_a için ayrı ayrı iki boyutsuz parametre tanımlamaktansa bu ikisinin oranı olarak tek bir boyutsuz parametre belirlenebilir:

$$\Pi_{10} = \frac{Q_a}{Q_w} = \beta \text{ (Rölatif hava giriş debisi veya Hava giriş oranı)}$$

Bulunan boyutsuz parametreler kullanılarak Denklem (6.3) yeniden yazılırsa;

$$F\left(\frac{1}{\mathrm{Re}}, \frac{1}{Fr^2}, \frac{1}{E}, \frac{1}{We}, \frac{t_r}{h}, \frac{D}{h}, \frac{L}{h} \alpha, \frac{L_j}{h}, \frac{Q_a}{Q_w}\right) = 0 \qquad (6.4)$$

veya

$$F\left(\mathrm{Re}, Fr^2, E, We, \frac{t_r}{h}, \frac{D}{h}, \frac{L}{h}, \tan\alpha, \lambda_j, \beta\right) = 0 \qquad (6.5)$$

Burada, Reynolds sayısı (*Re*) atalet kuvvetlerinin viskoz kuvvetlere oranını, Froude sayısı (*Fr*) atalet kuvvetlerinin yerçekim kuvvetine oranını, Euler sayısı (*E*) atalet kuvvetlerinin basınç kuvvetlerine oranını ve Weber sayısı (*We*) atalet kuvvetlerinin yüzey gerilim kuvvetlerine oranını ifade eder.

Dolusavak modelleri gibi modellerde atalet, yerçekim ve basınç kuvvetleri hâkimdir. Viskoz kuvvetleri temsil eden *Re* sayısı ve yüzey gerilim kuvvetlerini temsil eden *We* sayılarının hava giriş olayı üzerinde etkisi azdır ve ihmal edilebilir. Fakat özellikle küçük ölçekli model deneylerinde *Re* ve *We* sayılarının ihmal edilmesi önemli ölçek etkilerinin görülmesine neden olabilir. Ancak buradaki sayısal modellemelerde 1:1 ölçekli sayısal modeller kullanıldığından ölçek etkisi gibi bir sorun olmayacaktır. Dolayısıyla *Re* ve *We* sayılarının olay üzerindeki etkisi rahatlıkla ihmal edilebilir. *Re* ve *We* sayılarının etkisi ve ölçek etkileri Bölüm 5.1.2 ve 5.1.3'te ayrıntılı olarak tartışılmıştır. Pinto [2], Rutchmann ve Hager [16], Chanson [4, 24], Pinto ve diğ. [40], Kökpınar ve Göğüş [22] gibi birçok araştırmacı *Re* ve *We* sayılarının belirli değerlerden büyük olması koşulunda hava girişi üzerinde önemli etkisinin olmayacağı ve ihmal edilebileceğini kabul etmişlerdir. Pinto [2], $Re > 3.3\text{x}10^5$, $We > 800$ değerleri için viskoz ve yüzey gerilimi etkilerinin ihmal edilebileceğini belirtmiştir. Bu bölümdeki analizlerde $\mathrm{Re} > 8\text{x}10^6$, $\mathrm{We} > 2\text{x}10^6$ ve jet uzunluğuna bağlı $\mathrm{We} > 22\text{x}10^6$ gibi büyük değerlerde çalışıldığından bu etkiler rahatlıkla ihmal edilebilir.

Denklemlerde yer alan *E* sayısı aslında bir Euler sayısı değildir. Gerçekte bu *E* sayısı su hareketinin sebep olduğu bir atalet reaksiyonu ve nap altındaki basınç farkı arasındaki oranı temsil eder. Bu basınç farkı giren hava ile alakalıdır [2, 40]. Basınç kuvvetlerini temsil etmek için *E* sayısı yerine birçok araştırmacı tarafından kabul gören, ilk kez Tan [11] tarafından tanımlanan ve önceki bölümlerde de kullanılan P_N basınç sayısı kullanılabilir.

$$P_N = \frac{\Delta P}{\rho_w g h} \qquad (6.6)$$

D çapındaki tek bir baca alanının, besleyeceği akım kesit alanına oranı olarak, $\pi D^2/4Lh$ boyutsuz parametresi yazılabilir. Buradaki sabit sayılar atılırsa, Denklem (6.5)'teki *D/h* ve *L/h* yerine tek bir D^2/Lh boyutsuz parametresi yazılması uygun olacaktır. Bu parametre havalandırıcının hava sağlama kapasitesini belirleyen önemli parametrelerden biridir. Bu açıklamalar doğrultusunda boyutsuz parametrelerin oluşturduğu Denklem (6.5) tekrar yazılırsa aşağıdaki fonksiyon elde edilecektir [60].

$$f\left(\beta, \lambda_j, Fr^2, P_N, \frac{t_r}{h}, \frac{D^2}{Lh}, \tan\alpha\right) = 0 \qquad (6.7)$$

Buradaki β rölatif hava debisi (veya hava giriş katsayısı), λ_j boyutsuz jet uzunluğu, Fr Froude sayısı, P_N basınç sayısı, t_r saptırıcı(rampa) yüksekliği, D sıralı bacaların çapı, L sıralı bacalar arasındaki uzaklık, h yaklaşan akım derinliği, α dolusavak şut kanalı eğim açısıdır. Denklem (6.7)'de, β, λ_j ve P_N parametreleri geri kalan bağımsız parametrelerin bir fonksiyonu olarak elde edilebilir [60].

$$\beta, \lambda_j, P_N = F\left(Fr, \frac{t_r}{h}, \frac{D^2}{Lh}, \tan\alpha\right) \tag{6.8}$$

6.5. İncelenecek Modelin Hazırlanışı

Alttan alışlı havalandırıcı için hazırlanan modelin genel görünüşü Şekil 6.1'de verilmiştir. Çözüm zamanını ve sonlu eleman sayısını azaltmak için modelin boyuna simetrisi alınacaktır. Modelde şut kanalı genişliği B=20 m (simetrisi olduğundan 10 m) ve saptırıcı açısı θ=7.59° sabit olarak alınmıştır. Dolusavak tabanı üzerine değişen aralık (L) ve çaplarda (D) havalandırıcı bacaları yerleştirilmiştir. Bu bacaları atmosfere açarak besleyen nispeten daha büyük kesitli ana havalandırma galerisinin yeterli boyutta olduğu kabulü yapılmış ve galerinin yersel yük ve sürtünme kaybı gibi etkileri burada dikkate alınmamıştır. Tablo 6.3'te yaklaşan akımın debi, akım derinliği, hız ve Froude sayısı gibi akım karakteristikleri verilmiştir. Seçilen hızlar (U_w=20~30 m/s) kavitasyon için risk kabul edilebilecek hızlardır. Akım hızının 12~15 m/s değerlerinde kavitasyon hasarının olabileceği, 20~30 m/s hızlarda ise kavitasyondan kaçınmak için yüzey iyileştirmesi ekonomik olamamakta ve havalandırmaya ihtiyaç duyulduğu belirtilmektedir [4, 24, 27]. Akım debileri 8~75 m^3/s/m, akım derinlikleri ise 0.4~2.5 m arasında tahmin edilmiştir. Tablo 6.3'teki değerler belirlenirken, kavitasyon riski altında işletmede bulunan dolusavaklarda ençok karşılaşılan Fr sayıları dikkate alınmaya çalışılmıştır.

Saptırıcı yükseklikleri olarak (t_r) 0.10 m, 0.15 m ve 0.20 m üç farklı değer alınmıştır. Tabanda sıralanmış hava bacasının çapları (D) 0.40 m ve 0.60 m, baca arasındaki mesafe ise 2.00 ve 1.67 m alınarak D/h değerleri 0.20, 024, 030 ve 036 gibi dört farklı değerde değiştirilmiştir. Dolusavak şut kanalının taban eğimi α=9.65°, 14.57° ve 29.68° olarak değiştirilmiştir. Dolayısıyla tan α=0.17, 0.26 ve 0.57 değerlerini alacaktır. Her seferinde bir değişken değiştirilip diğerleri sabit tutularak tüm alternatifler için çözüm yapılmıştır. Böylelikle her değişkenin etkisi ayrı ayrı dikkate alınabilmiştir. Değişken sayları dikkate alındığında 7x3x4x3=252 adet farklı çözümden datalar elde edilmiştir (Tablo 6.4). Alttan alışlı havalandırıcının performansını belirlemek için bu datalarla regresyon analizleri yürütülmüş ve çeşitli bağıntılar elde edilmiştir.

Tablo 6.3 Yaklaşan akım karakteristikleri [60]

q_w (m^3/s.m)	h (m)	U_w (m/s)	Fr
8.00	0.40	20.00	10.10
13.00	0.60	21.67	8.93
18.00	0.80	22.50	8.03
24.00	1.00	24.00	7.66
40.00	1.50	26.67	6.95
56.00	2.00	28.00	6.32
75.00	2.50	30.00	6.06

Tablo 6.4 Değişken olarak alınan değerler ve değişken sayıları

Fr	*tr(m)*	*D/L*	*tan α*
10.10	0.10	0.20	0.17
8.93	0.15	0.24	0.26
8.03	0.20	0.30	0.57
7.66		0.36	
6.95			
6.32			
6.05			
7	3	4	3

6.6. Sayısal Modelin Geometrisi

Üç boyutlu model geometrisini oluşturmak için Gambit yazılımı kullanılmıştır. Her farklı saptırıcı yüksekliği (t_r), hava giriş ağızlarının çapı (D) ve hava giriş aralıkları (L) için farklı bir geometrik model olmak üzere 12 farklı model geometrisi hazırlanmıştır. Diğer değişkenler ise çözüm sırasında değiştirilebilmektedir. Her farklı şut kanalı eğimi (α) için ayrı bir model geometrisi hazırlamak yerine çözümler sırasında eğimlere uygun yerçekimi ivmesinin vektörel bileşenlerini değiştirme yoluna gidilmiştir. Böylelikle çok daha fazla model geometrisi hazırlamaktan kaçınılmıştır. Model geometrisi için 30 m uzunluğunda 20 m (simetrik olduğundan 10 m) genişliğinde ve 3.5 m yüksekliğinde kısmi bir dolusavak şut kanalı dikkate alınmıştır. Şekil 6.12'de hazırlanan modelin genel görünüşü ve ölçüleri gösterilmiştir. Havalandırıcı mansabındaki akım jetini ve hava karışım olayını gözleyebilmek için saptırıcı sonundan 26 m uzaklık yeterli görülmüştür. Maksimum su derinliği 2.5 m olduğundan 3.5 m lik kanal derinliği de yeterli olacaktır. Havalandırma rampasının mansap ucu kısmi savak başlangıcından 4 m mesafededir. Havalandırma bacaları ise rampanın 10 cm mansabında yer alır. Model geometrisi oluşturulduktan sonra yine Gambit yazılımı yardımıyla model sonlu eleman ağına bölünmüştür. Çözümlerin hassas olabilmesi için modeller yaklaşık 250000 adet hexahedral hücreye bölünmüştür. Hava girişinin cereyan ettiği bölgeler iki kat daha küçük hücreli sonlu elemanlara bölünmüştür. Modelin sonlu eleman ağ yapısı Şekil 6.13'de gösterilmiştir. Daha sonra yine Gambit yazılımıyla modelin sınır şartları (Atmosfer girişi, katı cidar, hız girişi gibi) belirlenmiştir.

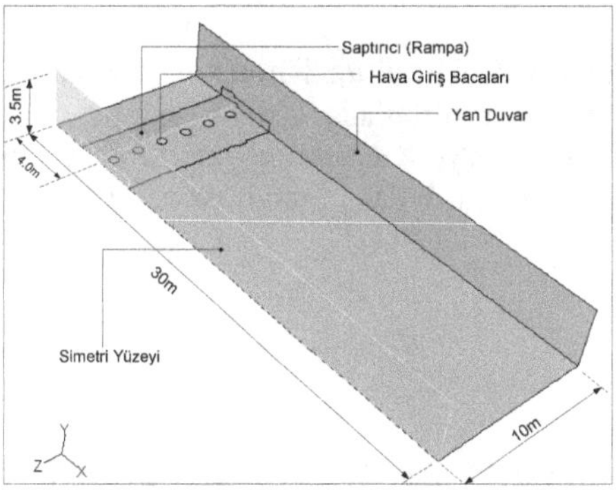

Şekil 6.12 Modelin genel geometrisi [60]

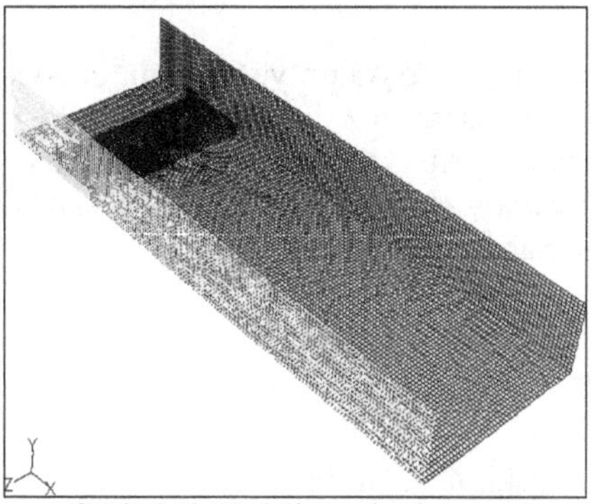

Şekil 6.13 Modelin sonlu eleman ağı

6.7. Çözüm Parametreleri

CFD analizlerinde, üç boyutlu (3D), ayrılmış (*Segregated*), zamanla değişen akım (*Unsteady*) çözüm modeli seçilmiştir. Çok fazlı akım modellerinden ASM (*Algebraic Slip Model*) kullanılmıştır. Bu modelin özellikleri Bölüm 4'de ayrıntılı olarak tartışılmıştır. Birincil faz su, ikincil olarak da hava alınmış ve bu iki elementin fiziksel özellikleri tanıtılmıştır. Türbülans modeli olarak standart k-ε modeli kullanılmış ve türbülans parametreleri varsayılan olarak alınmıştır.

6.7.1. Seçilen Türbülans Modeli

Dolusavaklar üzerindeki akım türbülanslı akımdır. Akımın türbülansını modelleyebilmek için *Fluent*'deki türbülans modellerinden Standart k-ε model kullanılmıştır. k-ε model için Standart, RNG ve Realizable k-ε model seçenekleri vardır. *Fluent* ayrıca, Reynolds Stress Model (RSM), Spalart-Allmaras, Reynolds Stres, Large Eddy Simulation (LES) gibi türbülanslı akım modellerine de olanak sunmaktadır. Burada kullanılan standart k-ε modelin açıklaması yapılacaktır.

Standart k-ε model, türbülans kinetik enerji (k) ve bunun yayılımı (ε) için taşınım denklemleri üzerine kurulu yarı deneysel bir modeldir. Taşınım denklemi, k için kesin bir denklemden, ε için ise fiziksel sonuç çıkarma ve biraz da matematik yaklaşım desteği ile türetilir. Standart k-ε model türetilirken akım tamamen türbülanslı akım olarak kabul edilir ve moleküler viskoz etkiler ihmal edilir. Bu nedenle standart k-ε model sadece tamamen türbülanslı akımlar için geçerlidir. Dolusavak üzerindeki akımlar tamamen türbülanslı kabul edilebileceğinden bu model uygun olacaktır.

Türbülans kinetik enerjisi (k) ve yayılım oranı (ε) aşağıdaki taşınım denkleminden elde edilir [50]:

$$\rho\frac{dk}{dt}=\frac{\partial}{\partial x_i}\left[\left(\mu+\frac{\mu_t}{\sigma_k}\right)\frac{\partial k}{\partial x_i}\right]+G_k+G_b-\rho\varepsilon-Y_M \tag{6.9}$$

$$\rho\frac{d\varepsilon}{dt}=\frac{\partial}{\partial x_i}\left[\left(\mu+\frac{\mu_t}{\sigma_\varepsilon}\right)\frac{\partial \varepsilon}{\partial x_i}\right]+C_{1\varepsilon}\frac{\varepsilon}{k}\left(G_k+C_{3\varepsilon}G_b\right)-C_{2\varepsilon}\rho\frac{\varepsilon^2}{k} \tag{6.10}$$

Burada; ρ: Akışkanın yoğunluğu, μ: Akışkanın viskozitesi, μ_t: Türbülans viskozitesi, G_k: Ortalama hız gradiyentinden dolayı üretilen türbülans kinetik enerjisi, G_b: Kaldırma kuvveti nedeniyle türbülans üretimi, Y_M: Genişleme yayılımı terimi (*dilatation dissipation*), σ_k, σ_ε : Sırasıyla k ve ε için türbülans Prandtl sayısı, $C_{1\varepsilon}$, $C_{2\varepsilon}$, $C_{3\varepsilon}$: Sabitlerdir.

$$\mu_t = \rho C_\mu \frac{k^2}{\varepsilon} \tag{6.11}$$

Buradaki, C_μ sabit bir sayıdır. Boussinesq hipotezine uygun olarak G_k aşağıdaki gibi hesaplanabilir.

$$G_k = \mu_t S^2 \tag{6.12}$$

Burada, S ortalama gerilme oranının tensörü olarak tanımlanır ve aşağıdaki gibi ifade edilir [50]:

$S \equiv \sqrt{2S_{ij}S_{ij}}$ ve ortalama gerilme oranı: $S_{ij} = \frac{1}{2}\left(\frac{\partial u_i}{\partial x_j} + \frac{\partial u_j}{\partial x_i}\right)$

$$G_b = -g_i \frac{\mu_t}{\rho \Pr_t} \frac{\partial \rho}{\partial x_i} \tag{6.13}$$

$\Pr_t$ enerji için Prandtl sayısı olup, standart ve realizable k-ε model için varsayılan değeri $\Pr_t$=0.85'dir. Y_M genişleme yayılımı terimi Sarkar ve Balakrishnan [63] tarafından önerilen şekilde modellenir:

$$Y_M = \rho \varepsilon 2 M_t^2 \tag{6.14}$$

M_t Türbülans Mach sayısıdır:

$$M_t = \sqrt{\frac{k}{a_s^2}} \tag{6.15}$$

Buradaki, a_s ses hızıdır.

Çözümlerde kullanılan türbülans parametreleri: $C_{1\varepsilon}$=1.44, $C_{2\varepsilon}$=1.92 C_μ=0.09 σ_k=1.0 σ_ε=1.3 olarak alınmıştır.

6.7.2. Türbülanslı Akımda Cidar Pürüzlülüğü

Fluent'de türbülanslı akım için cidar pürüzlülüğü de hesaba katılır. Pürüzlülük etkileri nedeniyle akışkan hareketini engelleme miktarını belirleyen bir pürüzlülük fonksiyonu tanımlamıştır (ΔB). Bu fonksiyon genel olarak pürüzlülüklerin şekil ve boyutuna bağlıdır. Kum-çakıl pürüzlülüğüne benzer üniform elemanlar için ΔB önemli ölçüde boyutsuz pürüzlülük yüksekliğine bağlıdır. Boyutsuz pürüzlülük yüksekliği (K_s) aşağıdaki gibi tanımlanır [50]:

$$K_s = \frac{\rho k_s u^*}{\mu} \tag{6.16}$$

$$u^* = C_\mu^{1/4} k^{1/2} \tag{6.17}$$

Burada, ρ: Akışkanın yoğunluğu, μ: Akışkanın viskozitesi, k_s: Fiziksel pürüzlülük yüksekliği, k: Türbülans kinetik enerjisi, C_μ: Türbülans yoğunluğunu hesaplamada kullanılan bir sabittir. Deneysel analizler göstermiştir ki, pürüzlülük fonksiyonu (ΔB) yalnızca K_s nin tekil bir fonksiyonu değildir ve K_s'ye bağlı faklı formlar da alır. Üç farklı rejim durumu gözlemlenmiştir:

- Hidrolik cilalı rejim (K_s<3~5)
- Geçiş rejimi (3~5<K_s<70~90)
- Tam pürüzlü rejim (K_s>70~90)

Hidrolik cilalı rejimde pürüzlülük etkileri ihmal edilebilir. Ancak geçiş bölgesinde pürüzlülüğün önemi artmaya başlar ve tam pürüzlü akımda pürüzlülük etkisini tam olarak gösterir. *Fluent*'de tüm pürüzlülük durumları üç rejime ayrılmıştır ve her rejim için pürüzlülük fonksiyonunu hesaplamak üzere Nikuradse'nin datalarına bağlı olarak Cebeci ve Bradshaw [64] tarafından önerilen formüller kabul görmüştür. Buna göre;

- Hidrolik cilalı rejim için(K_s<2.25): $\Delta B = 0$
- Geçiş rejimi için (2.25<K_s<90):

$$\Delta B = \frac{1}{\kappa}\ln\left[\frac{K_s - 2.25}{87.75} + C_{Ks}K_s\right]\sin\left(0.4258\left(\ln K_s - 0.811\right)\right)$$

- Tam pürüzlü rejim için (K_s>90): $\Delta B = \frac{1}{\kappa}\ln\left(1 + C_{Ks}K_s\right)$

Burada; C_{Ks} pürüzlülük tipine bağlı pürüzlülük sabiti, $1/\kappa$ yarı logaritmik ölçekle çizdirilen pürüzlü cidara yakın ortalama hız dağılımının eğimidir (κ=0.4 alınabilir).

Fluent'te cidar pürüzlülük etkilerini modelleyebilmek için iki parametrenin belirlenmesi gerekir. Bunlar, pürüzlülük yüksekliği (k_s) ve pürüzlülük sabiti (C_{Ks}) dir. Cilalı yüzeyler için k_s=0 alınır. Yüzeyin pürüzlülüğüne uygun değer belirlenmelidir. Dolusavakların beton yüzeyleri için verilen pürüzlülük değeri yaklaşık k_s=0.5~1.0 mm'dir. Analizlerde dolusavak yüzey pürüzlülüğü olarak k_s=1.0 mm alınmıştır. *Fluent*'te varsayılan C_{Ks}=0.5 değeri, pürüzlendirilmiş borular için Nikuradse'nin direnç datalarından üretilen ve k-ε türbülans model için kullanılan bir değerdir. Üniform olmayan kum-çakıl pürüzlülüğü, tel ızgara pürüzlülüğü gibi pürüzlülüklerde bu değerin daha yüksek alınabileceği (0.5~1.0) tavsiye edilmiştir. Burada savak yüzeyi üniform pürüzlendirilmiş kabul edilip C_{Ks}=0.5 değeri seçilmiştir [50].

6.7.3. Sınır Şartları (*Boundary Condition*)

Modelin sınır şartları her bir sınır eleman için tanımlanmıştır. Şekil 6.14'de gösterilen modelin sınır şartları şunlardır:

- **Katı cidar (*Wall*):** Dolusavak şut kanalının yan duvarı, savak tabanı, hava giriş bacalarının yan kenarları bu sınırla tanımlanmıştır. Beton yüzeyler için pürüzlülük ks=0.001 m, C_{Ks}=0.5 sabit olarak alınmıştır.
- **Basınç girişleri (*Pressure inlets*):** Modelin üst ve çıkış kısımları ve hız girişleri dışındaki giriş kısmı atmosfer basınç girişi olarak tanımlanmıştır. Bu sınırlarda atmosfer basıncı sıfır alınarak çözümler rölatif basınçlara göre gerçekleştirilmiştir.
- **Hız girişleri (*Velocity inlets*):** Şut kanalının girişinde, farklı yüksekliklerde, su fazı için hız girişi yüzeyleri tanımlanmıştır. Böylece her bir farklı su derinliği ve su hızı için (Farklı *Fr* sayılarında) istenilen su debileri elde edilmiştir. Verilen su yüksekliğinin üzerindeki yüzeyler ise atmosfer girişi olarak tanımlanmıştır.
- **Simetri yüzeyi (*Symmetry*):** Çözüm zamanını ve hafıza gereksinimini yarıya indirmek için boyuna şut kanalının ortasından simetri yüzeyi geçirilerek modelin simetrisi alınmıştır.

6.7.4. İşletme Şartları (*Operating Conditions*)

Bu kısımda modelin, işletme basıncı, yerçekimi ivmesi, ortam yoğunluğu gibi parametrelerin belirlenmesi gerekir. Gerçek ortamda serbest yüzeyli akımlar atmosfer basıncı altında işletilmektedir. Bu modelde rölatif basınçlarla çalışmak işimizi kolaylaştırdığından işletme basıncı olan atmosfer basıncı sıfır olarak alınmıştır. Yerçekimi ivmesi g=9.807 m/s^2 olarak alınmıştır. Her kanal eğimi için farklı bir model hazırlama yerine, yerçekimi ivmesinin vektör bileşenlerini eğime göre ayarlayarak, eğimi göreceli değiştirme yoluna gidilmiştir. Gerçek ortamda fiziksel çevreyi saran bir hava kütlesi olduğundan ortam yoğunluğu olarak havanın yoğunluğu alınır (ρ_a=1.225 kg/m^3).

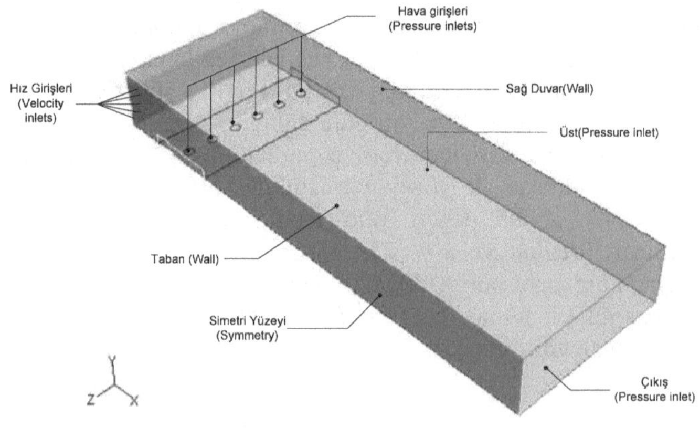

Şekil 6.14. Modelin sınır şartları [60]

7. Sonuçların Değerlendirilmesi

CFD analizlerinden elde edilen sonuçların değerlendirilmesi ve bunlara uygun bağıntılar kurulması amacıyla Matlab dilinde genel amaçlı bir regresyon programı hazırlanmıştır. Bu programda, *m*. dereceden polinom regresyonu, istenilen sayıda bağımsız değişkeni içeren çoklu doğrusal ve çoklu üssel regresyon yapabilen üç seçenek sunulmuştur.

Bu bölümde Alttan Alışlı Havalandırıcıların performanslarını belirlemek üzere Bölüm 6'da bahsedilen modelin sonuçları değerlendirilmiştir. *Fluent*'le yapılan sayısal analiz sonuçları grafikler halinde sunularak olayda etkin parametrelerin değişimleri incelenmiş ve sayısal analiz datalarına bağlı olarak yürütülen regresyon analizleriyle pratikte kullanılabilecek bağıntılar elde edilmiştir. Bu nedenle belirtmek gerekir ki; burada elde edilen bağıntıların doğruluğu sadece verilen koraelasyon katsayısının yanında sayısal analizlerin doğruluğuyla da ilişkili olacaktır. Dolayısıyla elde edilen bağıntıların gerçek fiziksel sonuçlarla korelasyonu burada verilenlerden daha az olabilir.

7.1. Direkt Yaklaşım

Bu yaklaşımda alttan alışlı havalandırıcının hava giriş performansının direkt olarak havalandırıcı ve şut kanalı geometrisine ve *Fr* sayısı gibi akım parametrelerine bağlı olduğu kabul edilir. Bu yaklaşımla hava giriş oranını belirlemek için Denklem (6.8) dikkate alınarak aşağıdaki fonksiyonel bağıntı kurulabilir.

$$\beta = f\left(Fr, \frac{t_r}{h}, \frac{D^2}{Lh}, \tan\alpha \right) \qquad (7.1)$$

Her bir değişkenin hava giriş katsayısı üzerindeki etkilerini gösterebilmek için aşağıdaki grafikler hazırlanmıştır.

7.1.1. Froude Sayısının Etkisi

Şekil 7.1- 7.9 arasındaki dokuz adet grafik *Fr* sayısı ile boyutsuz hava giriş oranının (β), farklı geometriler için değişimini göstermektedir. Bu grafiklerde, hava giriş oranının (β) *Fr* sayısına önemli ölçüde bağlı olduğu görülür. Bu durum daha önceki farklı havalandırıcı türler üzerinde yapılmış çalışmalarla uyuşmaktadır. Grafiklerde ayrıca görüleceği gibi, boyutsuz D/h oranı (dolayısıyla D^2/Lh) da havalandırıcı performansını arttırıcı rol oynar. Sabit kanal eğimi (α), rampa yüksekliği (t_r) ve *Fr* sayısı için D/L oranı ile β'nın arttığı görülmektedir. Dolayısıyla, havalandırıcı performansını etkileyen diğer bir önemli değişken de D^2/Lh boyutsuz parametresidir.

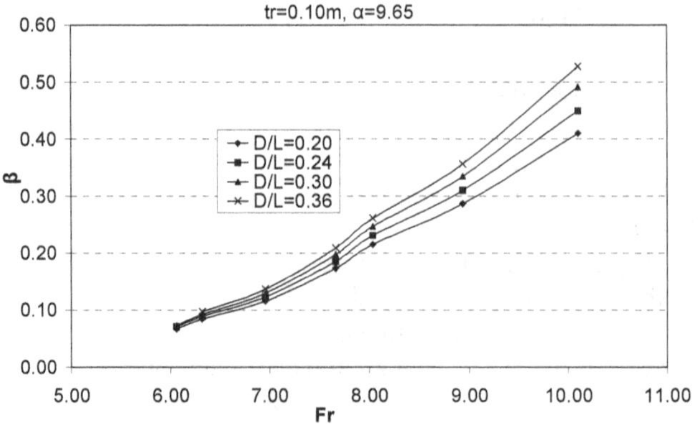

Şekil 7.1 t_r=0.10 m, α=9.65 için *Fr* ile hava giriş oranının (β) değişimi

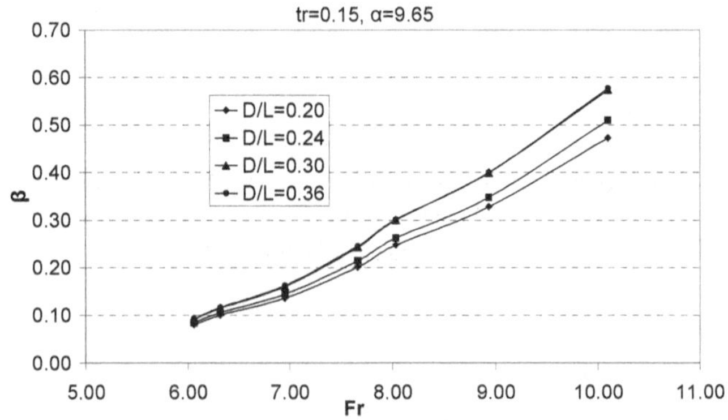

Şekil 7.2 t_r=0.15 m, α=9.65 için *Fr* ile hava giriş oranının (β) değişimi

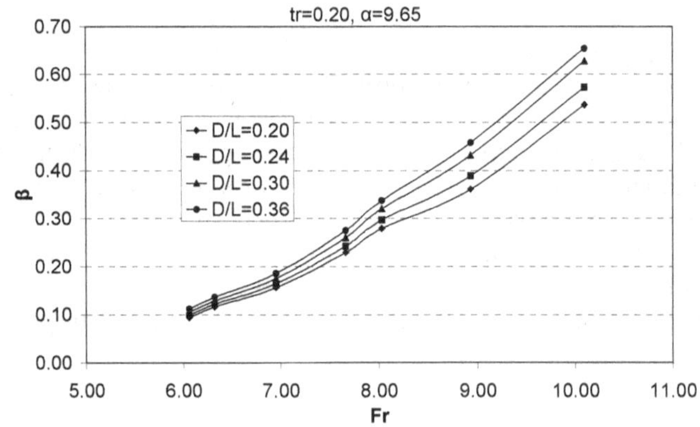

Şekil 7.3 t_r=0.20 m, α=9.65 için *Fr* ile hava giriş oranının (β) değişimi

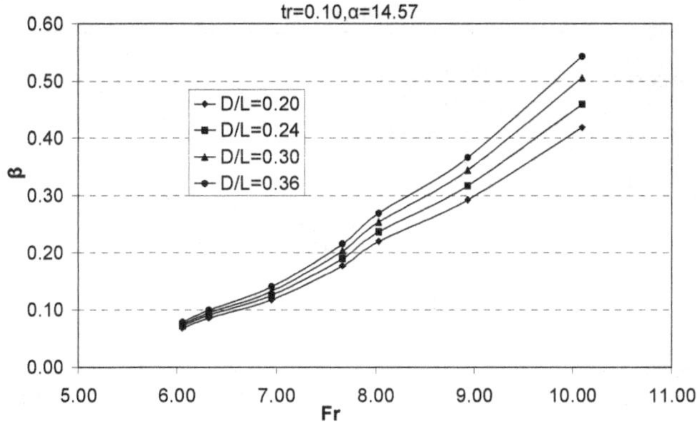

Şekil 7.4 t_r=0.10 m, α=14.57 için *Fr* ile hava giriş oranının (β) değişimi

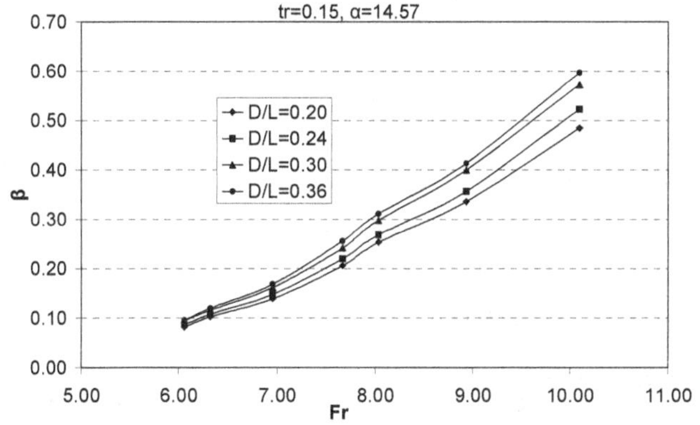

Şekil 7.5 t_r=0.15 m, α=14.57 için *Fr* ile hava giriş oranının (β) değişimi

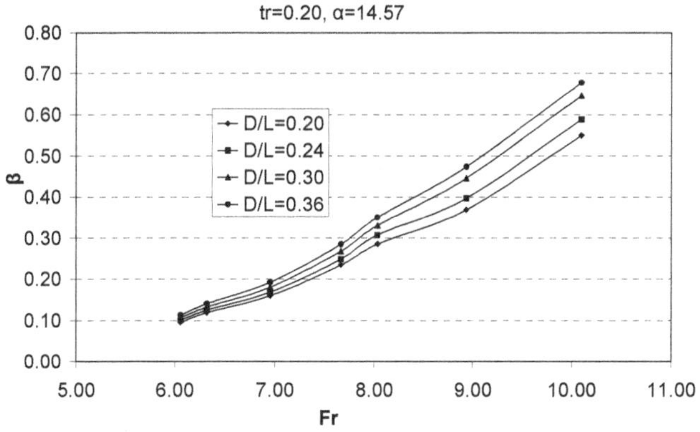

Şekil 7.6 t_r=0.20 m, α=14.57 için *Fr* ile hava giriş oranının (β) değişimi

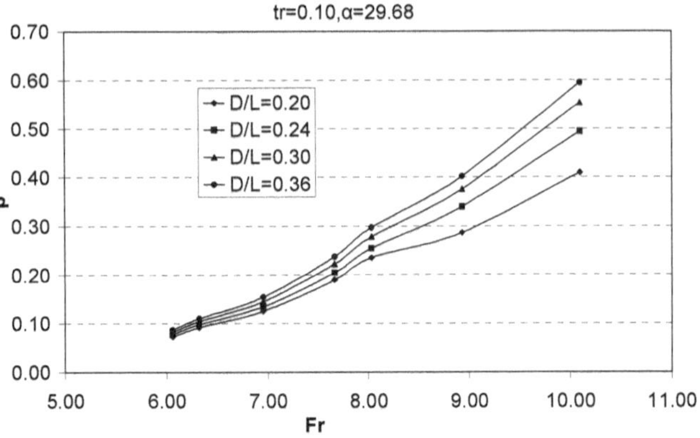

Şekil 7.7 t_r=0.10 m, α=29.68 için *Fr* ile hava giriş oranının (β) değişimi

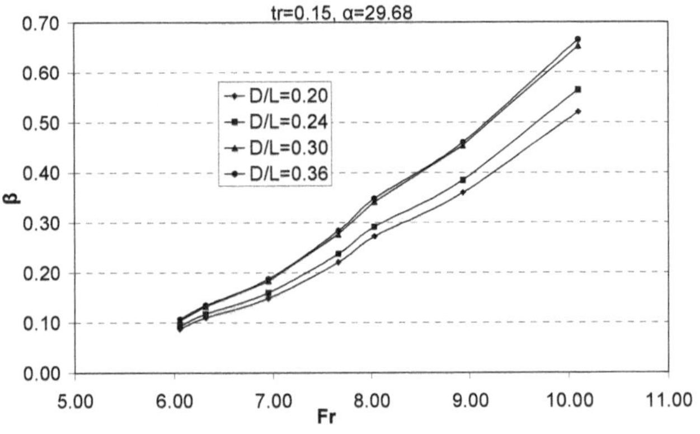

Şekil 7.8 t_r=0.15 m, α=29.68 için *Fr* ile hava giriş oranının (β) değişimi

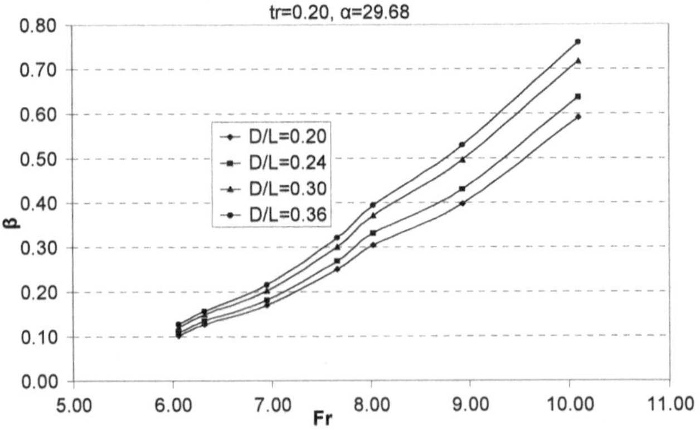

Şekil 7.9 t_r=0.20 m, α=29.68 için *Fr* ile hava giriş oranının (β) değişimi

Hava giriş oranının Fr sayısı ile değişimi incelendiğinde tüm grafikler için de belirli bir Fr sayısında hava girişinin sıfır olacağı görülebilir. Grafikler yaklaşık aynı noktada Fr sayısının temsil edildiği yatay ekseni kesecektir. Bunun anlamı, belirli bir Fr sayısının altında hava girişi gerçekleşmeyecektir. Bu değer klasik havalandırıcılar için Rutschmann ve Hager [16] tarafından Fr=5.4, Pinto [17] tarafından Fr=4.5 olarak verilmiş ve bu minimum değerlerin altında hava girişinin olmayacağı kabul edilmiştir. Alttan alışlı havalandırıcılarda hava girişini sağlayan minimum Fr sayısını tespit etmek için β'nın Fr ile değişimini incelenmiştir. β'nın, Fr sayısının ikinci derece fonksiyonu olarak % 95.8 korelasyonla aşağıdaki bağıntı elde edilmiştir [60].

$$\beta = 0.0087 - 0.0478Fr + 0.0101Fr^2 \quad (7.2)$$

Fr sayısı negatif değerler alamayacağından ikinci derece parabolün yatay eksenini kestiği pozitif Fr değeri hava girişinin başlayacağı minimum değer olacaktır. Buna göre β=0 için (7.2) denkleminin pozitif kökü Fr=4.54 bulunur ki bu değer Pinto'nun [17] değeri ile hemen hemen aynıdır. Buna rağmen Bölüm 6'da gösterildiği gibi alttan alışlı havalandırıcılar daha düşük Fr sayılarında bile (Fr<4.5) oldukça iyi havalandırma sağlayabilir. Burada Fr sayısının 6.06~10.10 aralığı dikkate alınarak hava girişinin sıfır olacağı minimum Fr sayısı tahmin edilmiştir. Bölüm 6'da ise Fr=3.83 gibi küçük bir değer için bile alttan alışlı havalandırıcıların iyi bir havalandırma sağladığı hatırlanırsa Fr<6.05 için $\beta=f(Fr)$ ilişkisi incelendiğinde muhtemelen eğrinin yönü değişerek daha küçük bir Fr sayısında yatay ekseni kesecektir. Diğer bir ifade ile hava girişi sağlayan minimum Fr sayısının değeri 4.5'dan daha küçük olacaktır. Yine de, havalandırıcılar genelde büyük Fr sayıları için tasarlandığından bir kriter olarak Fr<4.5 alınması uygun olabilir.

7.1.2 Rampa Yüksekliğinin Etkisi

Şekil 7.10-Şekil 7.12 arasındaki üç adet grafikte boyutsuz rampa yüksekliğinin (t_r/h) hava giriş oranı üzerindeki etkisi görülmektedir. Dağılımın genel yapısı incelendiğinde boyutsuz rampa yüksekliğinin hava girişini önemli ölçüde arttırdığı görülür. Bu grafiklerde Fr sayısının dağılımdaki etkisini eleyerek boyutsuz rampa yüksekliğinin sabit Fr sayılarına göre hava giriş oranıyla değişimi Şekil 7.13~7.16 arasındaki grafiklerle gösterilmiştir. Fr sayısının sabit değerleri için hava giriş oranı boyutsuz rampa yüksekliğiyle doğrusal olarak artmaktadır. Yine bu şekillerde hava giriş oranının Fr sayısıyla artışı da görülebilmektedir. Şekil 7.13~7.16 arasındaki grafiklerde hava giriş oranları, şut kanalı eğimlerine göre ortalama değerler olarak alınmıştır.

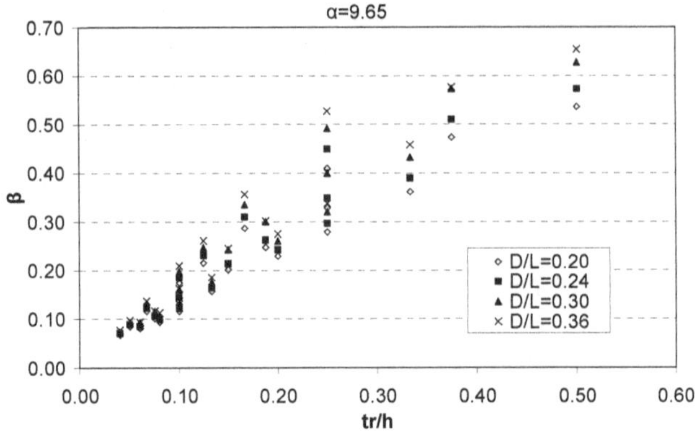

Şekil 7.10 α=9.65 için t_r/h ile β değerlerinin değişimi

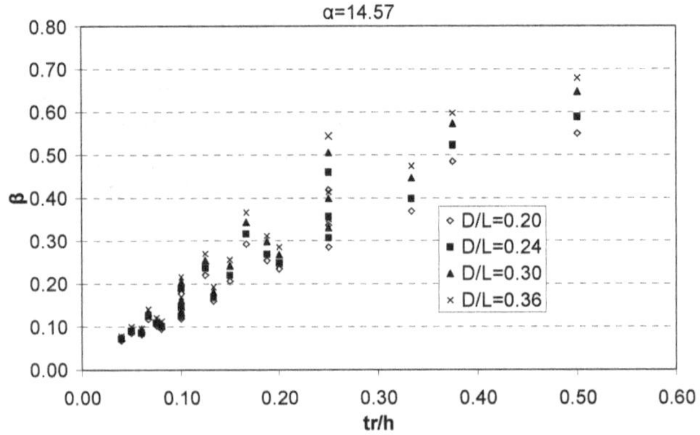

Şekil 7.11 α=14.57 için t_r/h ile β değerlerinin değişimi

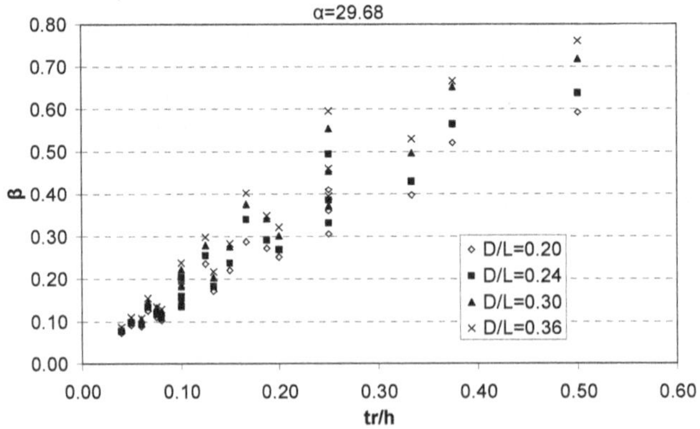

Şekil 7.12 α=29.68 için tr/h ile ortalama β değerlerinin değişimi

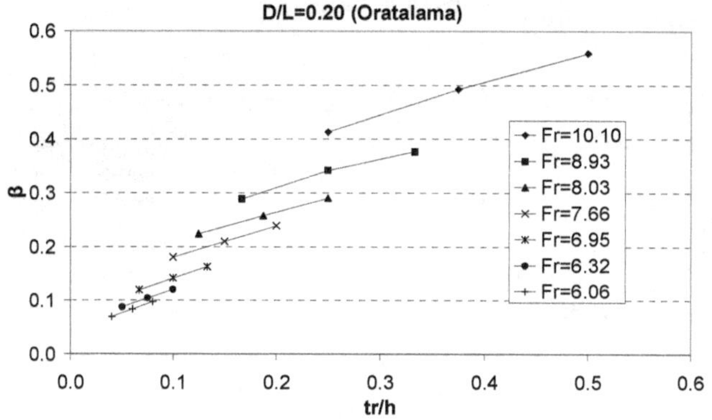

Şekil 7.13 Sabit *Fr* sayıları için ortalama β değerlerinin t_r/h ile değişimi (D/L=0.20)

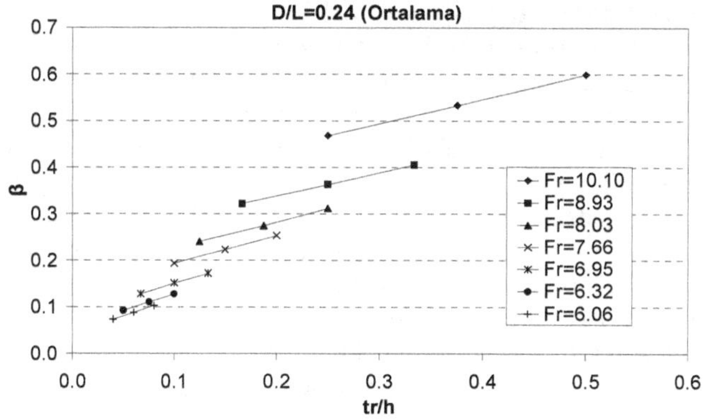

Şekil 7.14 Sabit *Fr* sayıları için ortalama β değerlerinin t_r/h ile değişimi [60]

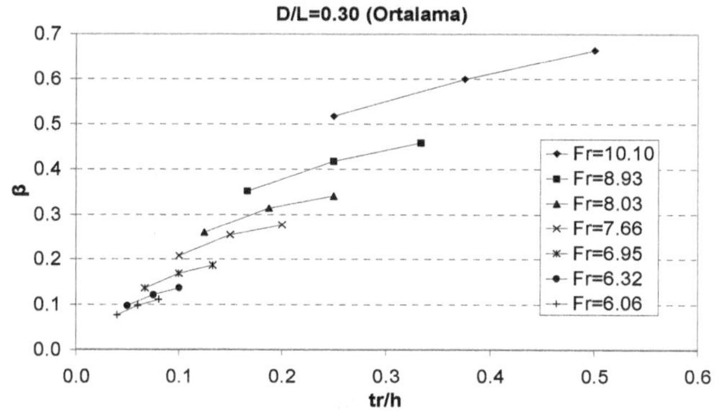

Şekil 7.15 Sabit *Fr* sayıları için ortalama β değerlerinin t_r/h ile değişimi (D/L=0.30)

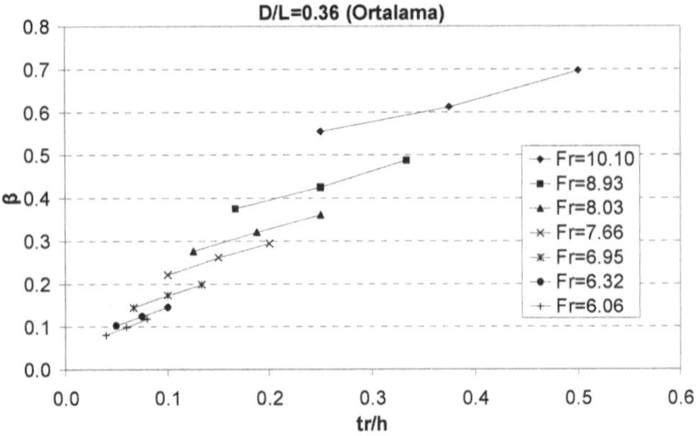

Şekil 7.16 Sabit *Fr* sayıları için ortalama β değerlerinin t_r/h ile değişimi (D/L=0.36)

7.1.3. Boyutsuz D^2/Lh Parametresinin Etkisi

Tek bir bacanın enkesit alanının, besleyeceği akım kesit alanına oranını temsil eden D^2/Lh parametresinin havalandırma performansı üzerindeki etkisi Şekil 7.17~7.19'da görülebilir. Grafiklerde, hava giriş oranlarının şut kanalı eğimlerine göre ortalama değerlerinin, her bir sabit *Fr* sayısında D^2/Lh ile değişimi gösterilmiştir. Böylece hava giriş olayı üzerinde diğer parametrelerin etkisi elenerek sadece D^2/Lh parametresinin hava giriş oranı üzerindeki etkisi dikkate alınmıştır. Şekillerde görülebileceği gibi D^2/Lh parametresinin, hava giriş oranı (β) üzerinde arttırıcı etkisi vardır. Bir havalandırıcının hava ihtiyacı jet altında üretilecek atmosfer altı basınçlarla sınırlı olduğundan, toplam hava giriş enkesitinin yeterli büyüklüğünden sonra (Hava ihtiyacını tam olarak karşılayacak bir büyüklük) bu parametrenin hava girişine etkisi azalacaktır. Burada önemli olan yeterli havalandırmayı sağlayabilecek en düşük *D/L* oranını elde etmektir.

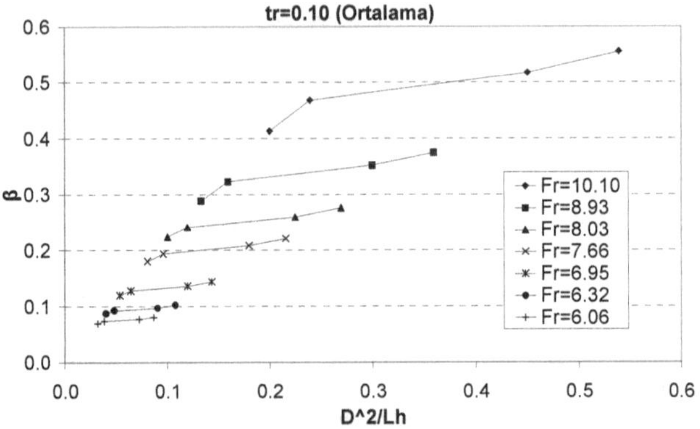

Şekil 7.17 Ortalama β değerlerinin D^2/Lh ile değişimi (t_r=0.10 m)

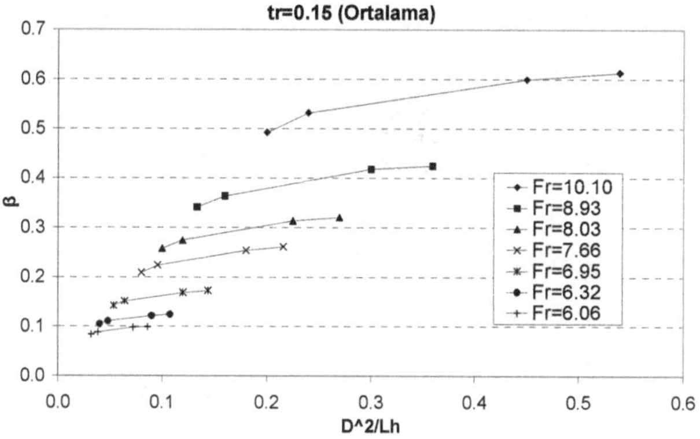

Şekil 7.18 Ortalama β değerlerinin D^2/Lh ile değişimi (t_r=0.15 m) [60]

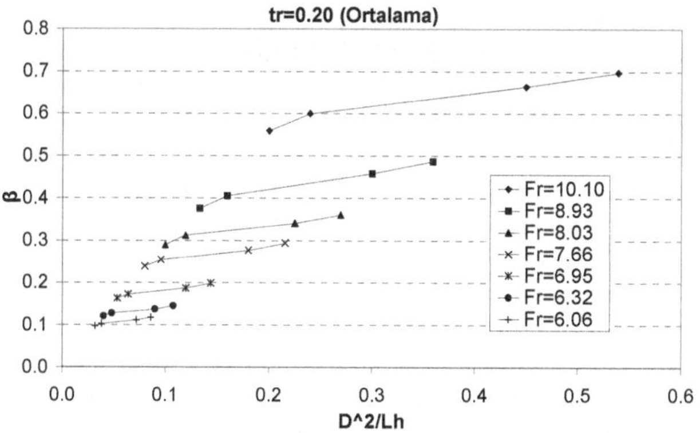

Şekil 7.19 Ortalama β değerlerinin D^2/Lh ile değişimi (t_r=0.20 m)

7.1.4. Şut Kanalı Eğiminin Etkisi

Şut eğiminin havalandırma performansı üzerindeki etkisi Şekil 7.20'den anlaşılabilir. Şekil 7.20'de farklı şut kanalı eğimleri için diğer değişkenlere göre ortalama hava giriş oranının *Fr* sayısı ile değişimi verilmiştir. Görüldüğü gibi, kanal eğiminin atışıyla, hava giriş oranı artmakla birlikte bu artış oldukça düşüktür. Dolayısıyla şut kanalı eğiminin havalandırma performansı üzerindeki etkisinin çok az olacağı söylenebilir.

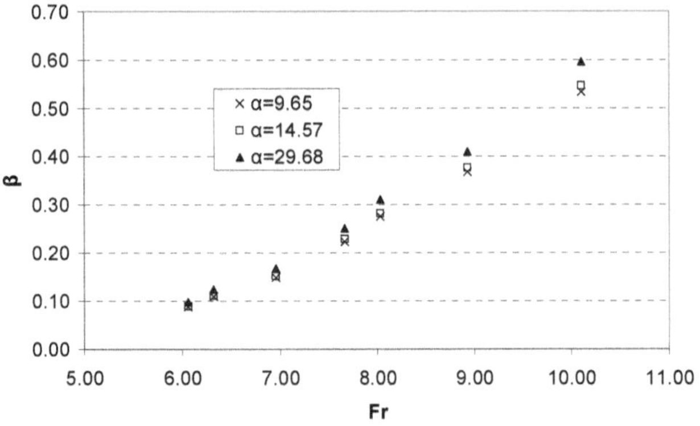

Şekil 7.20 Farklı şut eğimlerine göre *Fr* ile ortalama *β* değerlerinin değişimi

7.1.5. Elde Edilen Bağıntılar

Hava giriş olayında etkili olan yukarıda bahsedilen boyutsuz parametrelere bağlı olarak pratikte kullanabilecek bazı faydalı bağıntılar elde edilmiştir. Boşluk altbasınçları dolayısıyla P_N basınç sayısı önemli ölçüde D^2/Lh parametresine bağlıdır. Bu nedenle, D^2/Lh parametresi, P_N sayısının etkilerini temsil edecektir. Tüm parametreleri içeren bir eşitlik aşağıdaki gibi yazılabilir [60]:

$$\beta = a_1 Fr^{b_1}\left(\frac{D^2}{Lh}\right)^{c_1}\left(\frac{t_r}{h}\right)^{d_1}(1+\tan\alpha)^{e_1} \qquad (7.3)$$

Buradaki a_1, b_1, c_1, d_1 ve e_1 katsayıları regresyon analizi ile belirlenebilen katsayılardır. Çoklu regresyon sonucu % 99.6 (r=0.996) korelasyon ile bu katsayılar belirlenmiş ve aşağıdaki bağıntı elde edilmiştir [60]:

$$\beta = 0.05 Fr^{1.29}\left(\frac{D^2}{Lh}\right)^{0.20}\left(\frac{t_r}{h}\right)^{0.44}(1+\tan\alpha)^{0.39} \qquad (7.4)$$

Boyut analizi sonucu Pinto (1989) tarafından klasik havalandırıcılar için benzer olarak Denklem (7.5) önerilmiştir [40].

$$\beta = a(Fr-K)^{b}\left[\frac{t_r+t_s}{h}\right]^{c}\left(\frac{D_a}{h}\right)^{d} \qquad (7.5)$$

Pinto'nun bu denkleminde t_s eşik yüksekliğini, D_a birim şut kanalı genişliğindeki efektif hava bacası alanını ifade eder. Pinto [17] tarafından $D_a = \bar{c}A_a / B$ olarak tanımlanmıştır. Buradaki $\bar{c}$ debi katsayısı, A_a hava bacası kesit alanı, B şut kanalı genişliğidir. Pinto'nun bu denklemi alttan alışlı havalandırıcılara uyarlanırsa, D_a/h

yerine bezer bir parametre olan D^2/Lh ve eşik olmadığından t_s=0 yazılabilir. Buna göre benzer olarak aşağıdaki denklem (7.6) düzenlenebilir.

$$\beta = a_2(Fr - K)^{b_2}\left(\frac{D^2}{Lh}\right)^{c_2}\left(\frac{t_r}{h}\right)^{d_2} \qquad (7.6)$$

Bu denklemde dolusavak şut kanalı eğiminin etkisi ihmal edilmiştir. Denklemdeki K değeri β=0 için K=4.5 olarak alınabilir. a_2, b_2, c_2, d_2 katsayıları % 99.4 (r=0.994) korelasyon ile regresyon analizden elde edilip aşağıdaki Denklem (7.7) düzenlenmiştir [60]:

$$\beta = 0.42(Fr - 4.5)^{0.54}\left(\frac{D^2}{Lh}\right)^{0.19}\left(\frac{t_r}{h}\right)^{0.43} \qquad (7.7)$$

Klasik havalandırıcı için Pinto ve diğ. [40] benzer denklemde rölatif rampa yüksekliğinin etkisinin çok az olduğunu ve ihmal edilebileceğini belirtmişlerdir. Oysa bu burada elde edilen Denklem (7.7) ve yukarıdaki grafiklerde görüleceği gibi, rölatif rampa yüksekliğinin (t_r/h) etkisi büyüktür ve ihmal edilemez. Bölüm 6'da gösterildiği gibi alttan alışlı havalandırıcılar Fr<4.5 için bile üniform bir hava karışımı sağlayabildikleri hatırlanacak olursa, düşük Fr sayıları için (7.7) bağıntısındansa (7.4) bağıntısı kullanılabilir.

Bu bölümde elde edilen bağıntılar için; $6.05 \le Fr \le 10.10$, $0.17 \le \tan\alpha \le 0.57$, $0.04 \le t_r / h \le 0.50$, $0.032 \le D^2 / Lh \le 0.539$, θ=7.59^o limitleri verilir. Bu limitlerin dışında denklemlerin doğruluğu tartışmaya açıktır.

7.1.6. Hava Hızları

Büyük şut eğimleri (α) ve rampa yüksekliklerinde (t_r), hava giriş kesit alanının yetersiz kalması nedeniyle hızlar çok yükselebilir. Ancak, Bölüm 3.8' de anlatılan, havanın sıkıştırılabilir etkilerinden kaçınmak gibi nedenlerden dolayı hava hızları maksimum bir değeri aşamaz. Hava giriş hızındaki bu limit değer; Volkart ve Rutschmann [18] tarafından 60~80 m/s, Echavez ve Bourguett (1986) tarafından 120 m/s [1], Rutschmann ve Volkart [37] tarafından 100 m/s olarak verilmiştir. Bu değerler klasik havlandırıcılar için verilen değerlerdir. Alttan alışlı havalandırıcılarda oluşan yüksek hava hızları tabana sıralı hava bacalarının 0.50 m gibi küçük bir boyunda gerçekleşmektedir. Dolayısıyla diğer araştırmacıların belirlediği limit değerlerin en yüksekleri maksimum hava hızı olarak kabul edilebilir. Bahsedilen etkiler yüzünden havalandırıcı tasarlanırken $U_{a(max)}$=100~120 m/s sınırlamasının getirilmesinde fayda olacaktır. Daha büyük D^2/Lh değerleri seçilerek yüksek hava giriş hızlarından kaçınılabilinir. Tasarımda hava giriş hızlarının tahmini ve kontrolü için % 99.2 korelasyon ile aşağıdaki bağıntı elde edilmiştir.

$$\frac{U_a}{U_w} = 0.064Fr^{1.29}\left(\frac{D^2}{Lh}\right)^{-0.80}\left(\frac{t_r}{h}\right)^{0.44}(1+\tan\alpha)^{0.39} \qquad (7.8)$$

Tasarım sırasında U_a<120 m/s sınırlaması getirilebilir. Fakat yine de, işletim açısından ve bazı araştırmacıların vermiş olduğu limit değerlerin daha küçük olmasından dolayı maksimum hız değerinin daha küçük seçilmesinde fayda vardır.

7.2. Endirekt Yaklaşım

Havalandırıcı ve şut kanalı geometrisini belirleyen boyutsuz büyüklüklerin hepsi, boyutsuz jet uzunluğu olan $\lambda_j=L_j/h$ ile ifade edilebilir. Bu yaklaşımdan yola çıkarak hava giriş oranı boyutsuz jet uzunluğuna bağlı olarak elde edilecektir. Bunun için önce boyutsuz jet uzunluğunun belirlenmesi gerekir. Boyutsuz jet uzunluğu, bağlı olduğu parametrelere göre aşağıdaki fonksiyonla ifade edilebilir:

$$\lambda_j = f\left(Fr, \frac{D^2}{Lh}, \frac{tr}{h}, \tan\alpha\right) \qquad (7.9)$$

Üç boyutlu sayısal analizlerinde, rampa ucundan itibaren kanal boyunca tabandaki maksimum statik basıncın oluştuğu uzaklık, jet uzunluğu olarak ölçülmüştür. Jet uzunluğunun bağlı olduğu parametrelerin etkilerini gözlemlemek için bir takım grafikler sunulmuştur. Şekil 7.21'de α=14.57 için farklı rampa yüksekliklerinde boyutsuz jet uzunluğunun, D^2/Lh ile dağılımı gösterilmiştir. Bu genel dağılım incelendiğinde boyutsuz jet uzunluğu D^2/Lh parametresi ile parabolik olarak arttığı görülür. Şekil 7.21'deki dağılımda boyutsuz jet uzunluğunun üzerinde D^2/Lh ile birlikte Fr sayısının etkisi de vardır. Her bir sabit Fr sayısına göre rölatif jet uzunluğunun D^2/Lh ile değişimi Şekil 7.22~7.24'deki grafiklerle verilmiştir. Böylelikle Fr sayısının dağılımdaki etkisi ayrılmış olur. Şekil 7.22~7.24'de sabit Fr sayılarında da rölatif jet uzunluğunun, D^2/Lh parametresiyle önemli ölçüde arttığı görülmektedir.

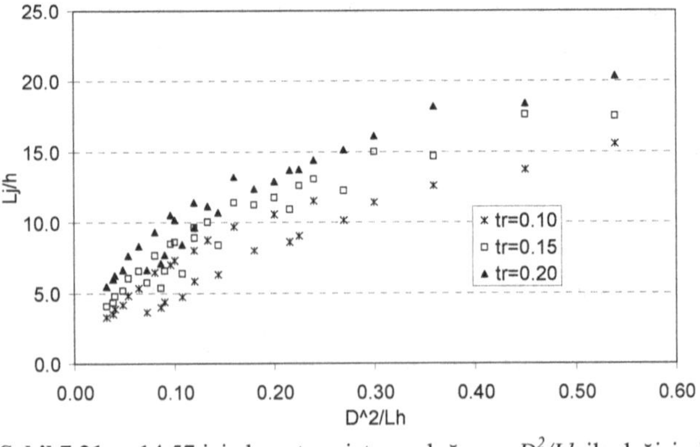

Şekil 7.21 α=14.57 için boyutsuz jet uzunluğunun D^2/Lh ile değişimi

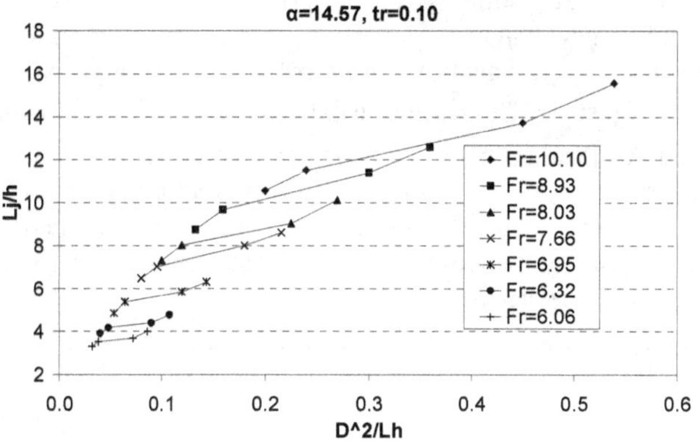

Şekil 7.22 Boyutsuz jet uzunluğunun D^2/Lh ile değişimi (α=14.57, *tr*=0.10 m)

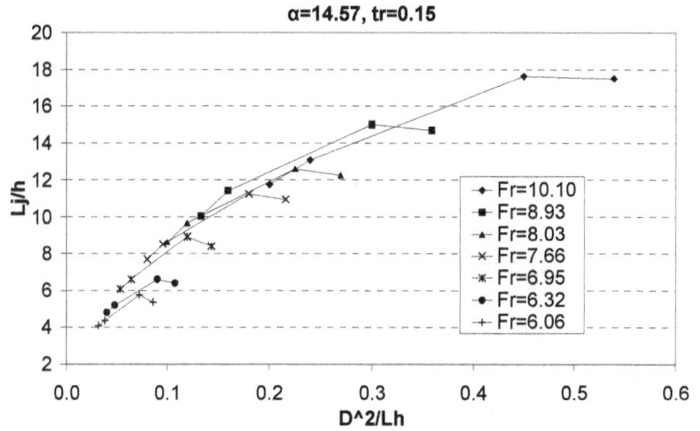

Şekil 7.23 Boyutsuz jet uzunluğunun D^2/Lh ile değişimi (α=14.57, *tr*=0.15 m)

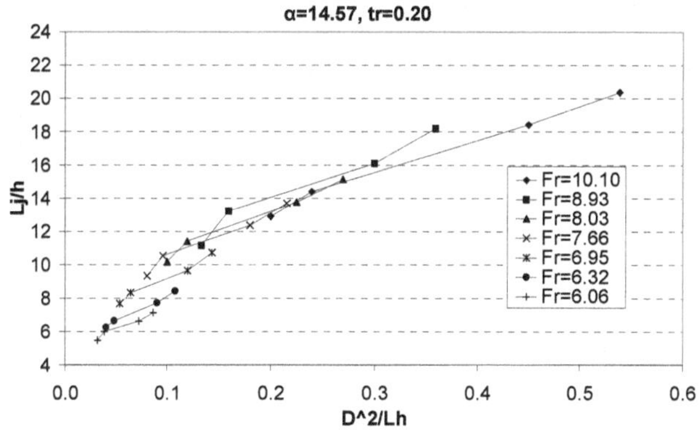

Şekil 7.24 Boyutsuz jet uzunluğunun D^2/Lh ile değişimi (α=14.57, *tr*=0.20 m)

Şekil 7.25'te boyutsuz rampa yüksekliklerine göre ortalaması alınan rölatif jet uzunluklarının farklı şut kanalı eğimlerinde D^2/Lh parametresiyle değişimleri gösterilmiştir. Şekil 7.25, şut kanalı eğiminin rölatif jet uzunluğu üzerinde fazla bir etkisinin olmadığını gösterir. Bu şekille birlikte $L_j / h = f(D^2 / Lh)$ bağıntısıyla ilgili diğer şekillerden anlaşılacağı gibi D^2/Lh değeri arttıkça, D^2/Lh parametresinin, hava giriş oranındaki etkisi gibi rölatif jet uzunluğu üzerindeki etkisi de azalmaktadır. Jet altındaki boşluk altbasınç bölgesinde oluşan hava ihtiyacını karşılayabilecek D^2/Lh değerinden daha büyük değerlerde, D^2/Lh parametresinin rölatif jet uzunluğu üzerinde önemli etkisi olmayacaktır.

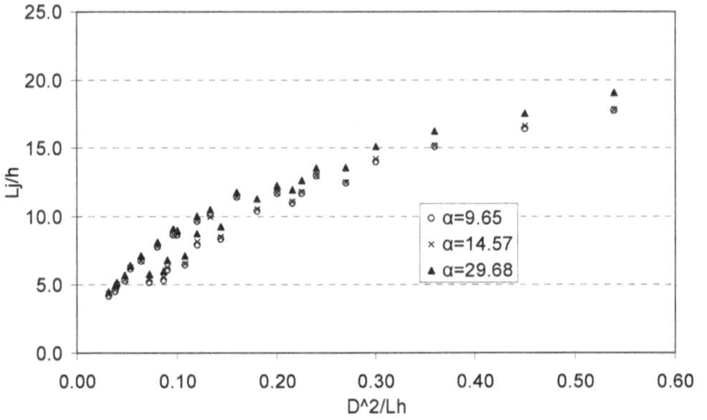

Şekil 7.25 Ortalama rölatif jet uzunluğunun, farklı kanal eğimlerine göre D^2/Lh ile değişimi

Şekil 7.26~7.28 arasındaki grafiklerde boyutsuz rampa yüksekliğinin, rölatif jet uzunluğu üzerindeki etkisi gösterilmeye çalışılmıştır. Şekil 7.26'da farklı D/L değerleri için boyutsuz jet uzunluğunun, t_r/h ile arttığı görülmektedir. Aynı zamanda sabit t_r/h değerleri için D/L de boyutsuz jet uzunluğunu arttırmaktadır.

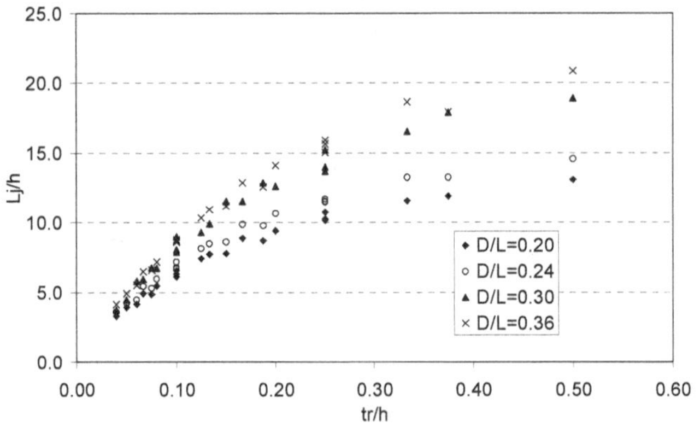

Şekil 7.26 Ortalama rölatif jet uzunluğunun t_r/h ile değişimi

Şekil 7.27'de farklı *Fr* sayılarında, D/L değerlerine göre rölatif jet uzunluklarının ortalamaları alınarak, boyutsuz rampa yüksekliğiyle değişimi görülmektedir. Burada, rölatif jet uzunluğunun önemli ölçüde boyutsuz rampa yüksekliğine bağlı olduğu ve bunun yanında *Fr* sayısı etkisinin önemsiz kaldığı görülmektedir (Şekil 7.27).

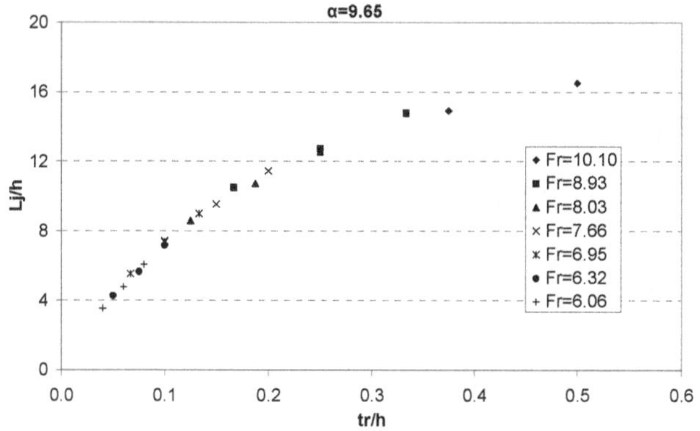

Şekil 7.27 Ortalama rölatif jet uzunluğunun t_r/h ile değişimi (α=9.65)

Şekil 7.28'de ise şut kanalı eğiminin rölatif jet uzunluğunu üzerindeki etkisinin, boyutsuz rampa yüksekliğinin etkisi yanında oldukça az olduğu görülmektedir. Şut kanalı eğiminin benzer etkisi yukarıdaki Şekil 7.25'te de görülebilir. Diğer bir ifadeyle, şut kanalı eğiminin rölatif jet uzunluğu üzerindeki etkisi, t_r/h ve D^2/Lh parametrelerinin etkisi yanında oldukça küçük olmaktadır.

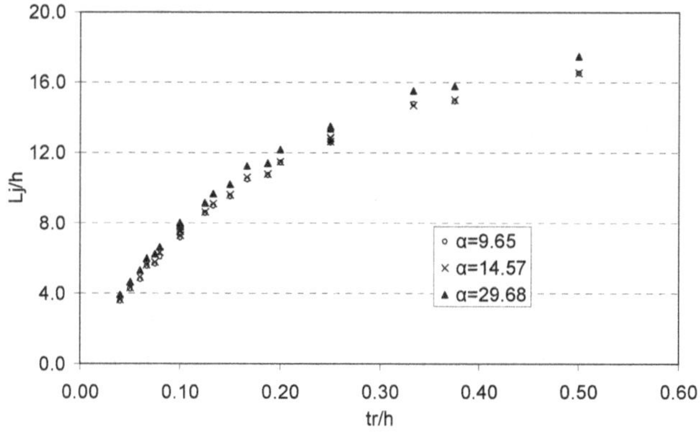

Şekil 7.28 Ortalama boyutsuz jet uzunluğunun farklı kanal eğimlerine göre t_r/h ile değişimi

Boyutsuz jet uzunluğunun, *Fr* sayısıyla değişimi Şekil 7.29 ve Şekil 7.30'da sunulmuştur. Şekil 7.29'da, t_r/h değerlerine ve şut eğimlerine karşılık gelen boyutsuz jet uzunlukları ortalamalarının, farklı *D/L* oranları için *Fr* sayısıyla değişimi görülmektedir. Şekil 7.30'da ise, *D/L* değerlerine ve şut eğimlerine karşılık gelen boyutsuz jet uzunlukları ortalamalarının, farklı t_r değerleri için *Fr* sayısıyla değişimi görülmektedir. Grafikten de anlaşılacağı üzere *Fr* sayısının artışı, boyutsuz jet uzunluğunu (L_j/h) arttırıcı yöndedir.

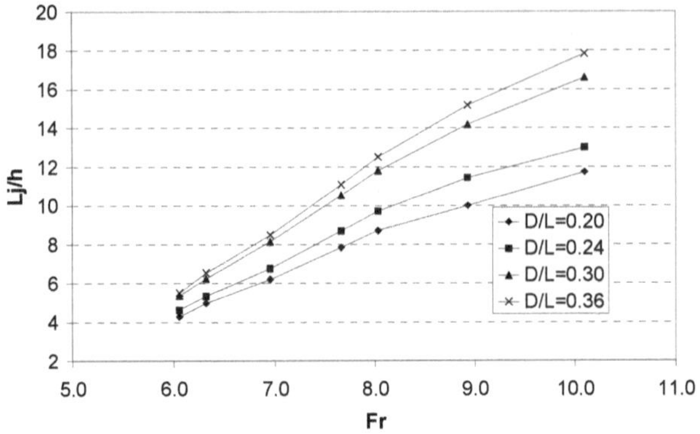

Şekil 7.29 Ortalama boyutsuz jet uzunluğunun farklı *D/L* değerlerine göre *Fr* sayısı ile değişimi

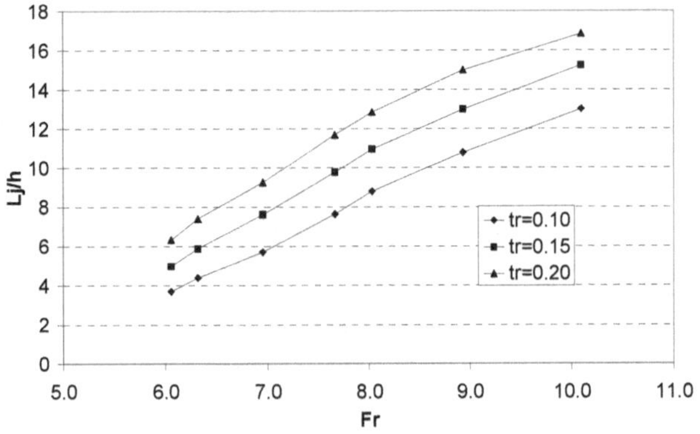

Şekil 7.30 Ortalama boyutsuz jet uzunluğunun farklı t_r değerlerine göre *Fr* sayısı ile değişimi

Boyutsuz jet uzunluğunu belirlemek için, Denklem (7.9)'daki tüm boyutsuz parametreler dikkate alınarak yürütülen çoklu regresyon analizinden, % 98.2 (r=0.98) korelasyon ile aşağıdaki (7.10) bağıntısı elde edilmiştir. Bu denklemin bir benzeri klasik havalandırıcılar için Kökpınar ve Göğüş [22] tarafından (3.46) denklemiyle sunulmuştur.

$$\frac{L_j}{h} = 583.59 Fr^{-1.17} \left(\frac{D^2}{Lh}\right)^{0.34} \left(\frac{t_r}{h}\right)^{0.60} (1+\tan\alpha)^{0.24} \qquad (7.10)$$

Ancak, grafiklerde açıklandığı gibi *Fr* ile L_j/h doğru orantılı artmasına rağmen, bu denklemde *Fr* sayısının etkisi ters orantılı olarak belirmiştir. Bu denklem çalışılan data aralığı için en uygun eğriyi verse de her zaman doğru sonuç vermeyebilir.

Buradaki sorun, Şekil 7.27'de görüldüğü gibi rölatif jet uzunluğu üzerinde t_r/h parametresinin yanında Fr sayısının etkisinin önemsiz kalmasıdır. t_r/h ve Fr parametrelerinin akım yüksekliği olan h değişkenine bağlı olması, iki parametreden birinin yanında diğerinin rölatif jet uzunluğu üzerindeki etkisini azaltır. Muhtemelen Denklem (7.10)'da bu etki t_r/h lehinde olmuş, dolayısıyla Fr sayısının etkisi anlam kazanmamıştır. Bu durumda bu iki parametreden birinde h değişkeni elenmelidir. Akım hızını içeren Fr sayısının jet uzunluğu üzerinde etkisi bekleneceğinden boyutsuz t_r/h yerine, boyutu *metre* olan sadece t_r parametresi kullanılarak denklem yeniden düzenlenmiştir. Buna göre %97.6 (r=0.98) korelasyon ile aşağıdaki bağıntı elde edilmiştir:

$$\frac{L_j}{h} = 7.42 Fr^{0.97} \left(\frac{D^2}{Lh} \right)^{0.34} t_r^{\,0.60} (1 + \tan\alpha)^{0.24} \qquad (7.11)$$

Bu bağıntı yukarıdaki açıklamaları doğrular niteliktedir. Denklem (7.11)'de dikkat çekilmesi gereken nokta, bu denklemin boyut homojenliğinin bozulmuş olmasıdır. Doğru sonuç alabilmek için, bu denklemdeki t_r'nin biriminin *metre* olmasına ve L_j/h'nin biriminin bundan bağımsız olacağına dikkat edilmesi gerekir.

Hava giriş oranının, önemli ölçüde boyutsuz jet uzunluğuna bağlı olduğu daha önceki bölümlerde (Bölüm 3) diğer araştırmacılara atıfta bulunarak belirtilmiştir. Boyutsuz jet uzunluğu (L_j/h) tespit edildikten sonra, hava giriş oranı bu büyüklüğe bağlı olarak elde edilebilir. Pinto ve diğ. [6], Bruschin [34] gibi birçok araştırmacı klasik havalandırıcılar üzerindeki prototip ve model çalışmaları sonucu (7.12) denklemini kabul görmüşlerdir.

$$\beta = K\left(\frac{L_j}{h} \right) \qquad (7.12)$$

Pinto ve Neidert [8] tarafından Denklem (7.12)'nin kullanımı ile ilgili kapsamlı araştırmalar yapılmış ve K katsayısının havalandırıcı geometrisi ve boyutsuz akım karakteristiklerinin bir fonksiyonu olduğu ifade edilmiştir . K katsayılarını; Pinto ve Neidert [53] tarafından 0.01~0.08 aralığında, Hamilton (1984) tarafından, 0.01~0.05 aralığında [1], Foz do Areia barajı dolusavağının üç havalandırıcısı için simetrik havalandırma halinde 0.033, asimetrik havalandırma halinde 0.023 olarak [6], Guri barajı dolusavağı için 0.01~0.035 aralığında verilmiştir [1]. Emborcacao barajı dolusavağının orta havalandırıcısının K değeri 450~2800m^3/s debiler için 0.033 olarak belirlenmiştir [1]. Bu çalışmadaki datalarla yürütülen regresyon analizinden r=0.93 korelasyon katsayısıyla (7.13)'teki denklem elde edilmiştir (***K*=0.036**).

$$\beta = 0.036(\lambda_j - 2.4) \qquad (7.13)$$

Ancak, Şekil 7.31 incelendiğinde bu değişimin tam olarak doğrusal olmadığı ve Denklem (7.14)'ün bu değişimi daha iyi yansıtacağı görülür (r=0.92).

$$\beta = 0.012\left(\frac{L_j}{h}\right)^{1.34} \tag{7.14}$$

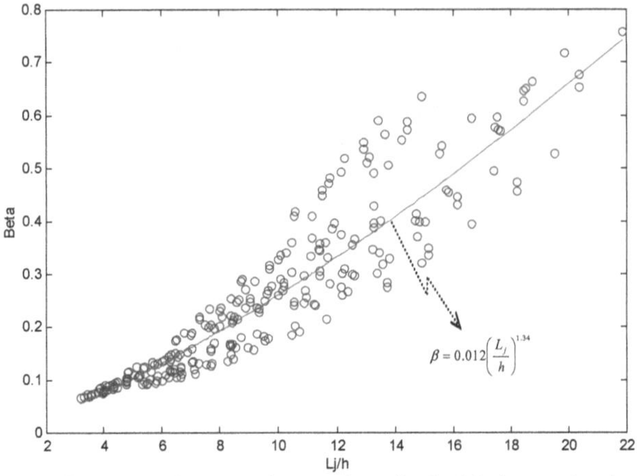

Şekil 7.31 Hava giriş oranının boyutsuz jet uzunluğu ile değişimi ve uydurulan (**7.14**) eğrisi

Denklem (7.13) veya (7.14) ile hava giriş oranının, rölatif jet uzunluğuna bağlı olarak yaklaşık tahmini yapılabilir. Daha doğru tahminler yapabilmek için *Fr* sayısı ve boyutsuz jet uzunluğuna bağlı olarak %99 korelasyonla (r=0.99)elde edilen Denklem (7.15) verilebilir:

$$\beta = 0.022(Fr - 4.5)^{0.85}\left(\frac{L_j}{h}\right)^{0.64} \tag{7.15}$$

Direkt yaklaşımda olduğu gibi Denklem (7.15)'de, Fr>4.5 için hava girişi olacağı kabul edilir. Daha önceden de bahsedildiği gibi alttan alışlı havalandırıcılar daha düşük *Fr* sayılarında da yeterli hava girişi sağlayabilirler. Hava girişi için Fr>3.5 sınırlaması getirilirse, küçük Fr sayıları için Denklem (7.15) yerine aşağıdaki denklem hava giriş oranını hesaplamada kullanılabilir (r=0.99):

$$\beta = 0.011(Fr - 3.5)^{1.15}\left(\frac{L_j}{h}\right)^{0.64} \tag{7.16}$$

Bu denklemler, "Direkt Yaklaşım"da da bahsedilen ve Pinto [40] tarafından sunulan (7.5) denklemine benzemektedir. Pinto'nun elde ettiği bağıntıda *Lj/h* yerine kullanılan boyutsuz parametre boşluk altbasınçlarını temsil etmekte ve t_r/h ve α gibi bazı parametrelerin etkisi de ihmal edilmektedir. Burada bahsedilen denklemlerde ise L_j/h boyutsuz parametresi diğer parametrelerin hepsini temsil etmektedir.

7.3. Boşluk Altbasınçlarının Etkisi

Sayısal modellerindeki altbasınç değerleri, su jeti altındaki altbasınç bölgesinde ve havalandırıcı bacaların biraz mansabında, kanal genişliğince tanımlanan bir doğru üzerindeki statik basınçların ortalamaları alınarak elde edilmiştir. Atmosfer basıncı sıfır olarak kabul edildiğinden, okunan basınç değerleri doğrudan basınç farkını verir. Nap altındaki basınçlar, bacalardan giren havanın dinamik etkilerinden dolayı kanal genişliğince sabit olmayıp dalgalı bir değişim gösterir (Şekil 7.32). Şekilde kanal genişliğince hava giriş bacalarının yeri 1, 3, 5, 7 ve 9. m' lerdedir. Şekildeki bu noktalarda ΔP basınç farkları daha az, baca aralarında ise daha fazla olmaktadır. Ancak bu basınç dalgalanması kanal genişliğince kısa mesafelerde ve klasik tip havalandırıcılara göre daha küçük basınç farkı değerlerinde gerçekleşir. Böylece kanal genişliğince sürekli ve büyük bir basınç düşüşü gerçekleşmeyeceğinden havalandırıcının performansı artar ve batık hale gelme riski de azalır.

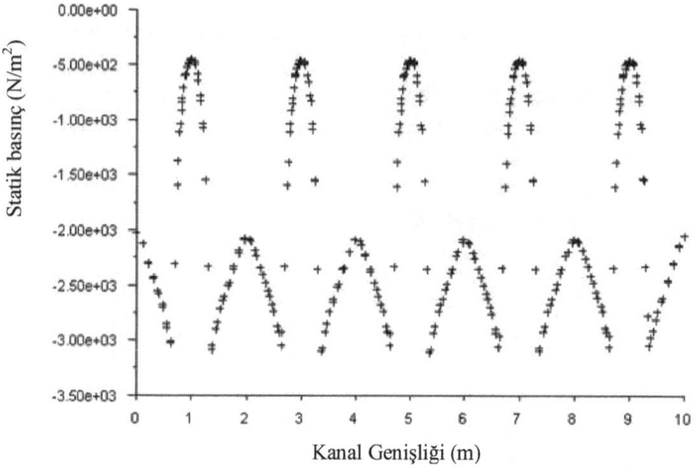

Şekil 7.32 Şut genişliği boyunca boşluk altbasınçları (α=9.65, t_r=0.15, D/L=0.30)

Kanal uzunluğu boyunca (x mesafesi), tabandaki basınç değişiminin tipik grafiği ise Şekil 7.33'de verilmiştir. Saptırıcı (rampa) tarafından sıçratılan su jetinin tabana çarptığı yerde basınçlar maksimum değer alacağından, bu nokta jet uzunluğunun tespitinde kullanılır [22, 16, 39]. Şekil 7.33'de görüldüğü gibi, saptırıcının sonu olan x=4 m ile bu noktanın mansabındaki en büyük taban basınç değeri arasındaki mesafe jet uzunluğu (L_j) olarak alınmıştır. Buradaki x=0 noktası kısmi savak model uzunluğunun başlangıç noktası, x=4 m noktası saptırıcının mansap noktasıdır. Şekil 7.33'de, akımın rampaya ilk çarpmasından dolayı rampanın başındaki (memba tarafı) maksimum basınç değerleri de görülmektedir.

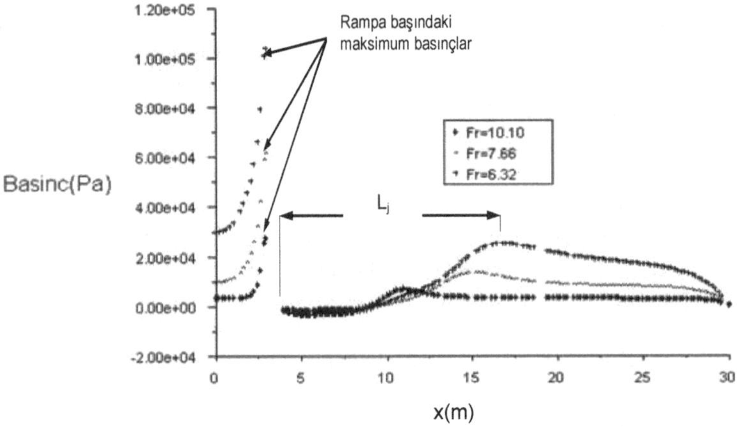

Şekil 7.33 Şut kanalı uzunluğu boyunca tabandaki statik basınçlar (α=9.65, t_r=0.15 m, D/L=0.30)

Şekil 7.34~7.36 arasındaki farklı rampa yükseklikleri(t_r) için üç grafikte, her bir sabit Fr sayısında, şut eğimlerine göre ortalama basınç sayısının (P_N), D^2/Lh boyutsuz parametresiyle değişimi gösterilmiştir. Şekillerden de anlaşılacağı gibi Basınç sayısı ile D^2/Lh parametresi ters orantılı olarak değişmektedir. Aynı zamanda basınç sayısı Fr sayısı ile artmaktadır.

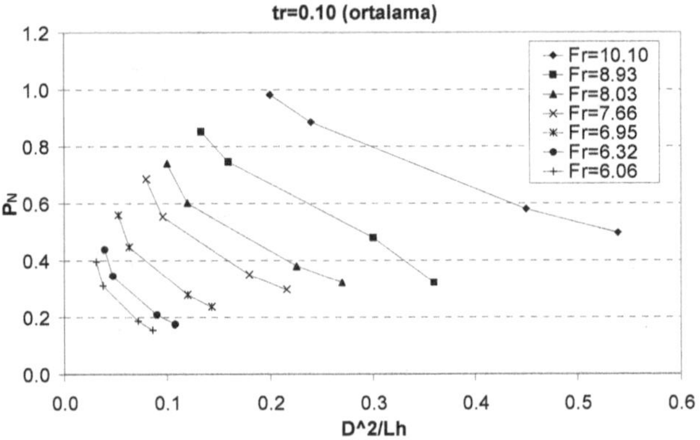

Şekil 7.34 Ortalama P_N basınç sayısının, D^2/Lh ile değişimi (t_r=0.10 m)

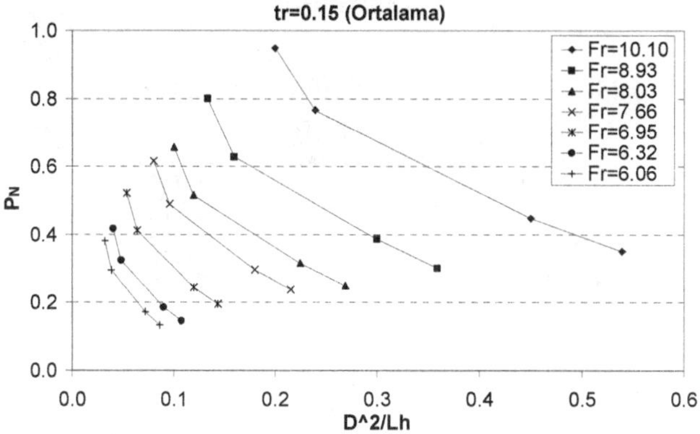

Şekil 7.35 Ortalama P_N basınç sayısının, D^2/Lh ile değişimi (t_r=0.15 m)

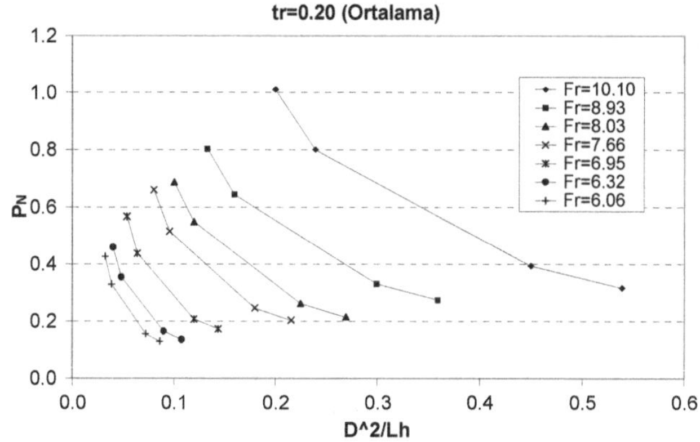

Şekil 7.36 Ortalama P_N basınç sayısının, D^2/Lh ile değişimi (t_r=0.20 m)

Şekil 7.37~7.40 arasısındaki farklı *D/L* oranları için üç grafikte, her bir *Fr* sayısında, şut eğimlerine göre ortalama basınç sayılarının boyutsuz rampa yüksekliğiyle (t_r/h) değişimi gösterilmiştir. Grafiklerde, boyutsuz rampa yüksekliğinin, D^2/Lh parametresi gibi basınç sayısıyla ters orantılı olduğu ve yine *Fr* sayısının da basınç sayısıyla doğru orantılı olduğu görülür.

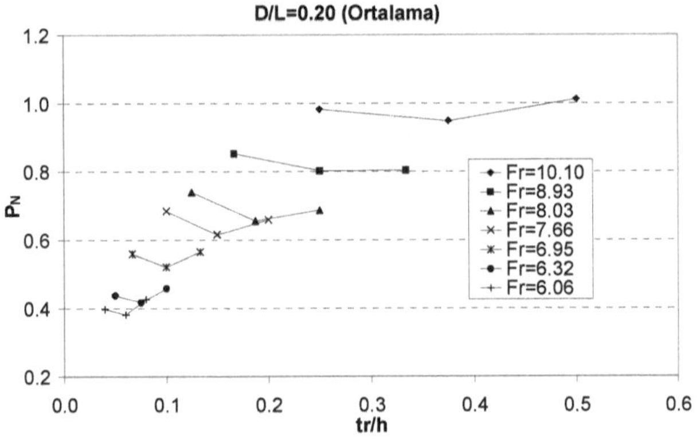

Şekil 7.37 Ortalama P_N basınç sayısının, t_r/h ile değişimi (D/L=0.20)

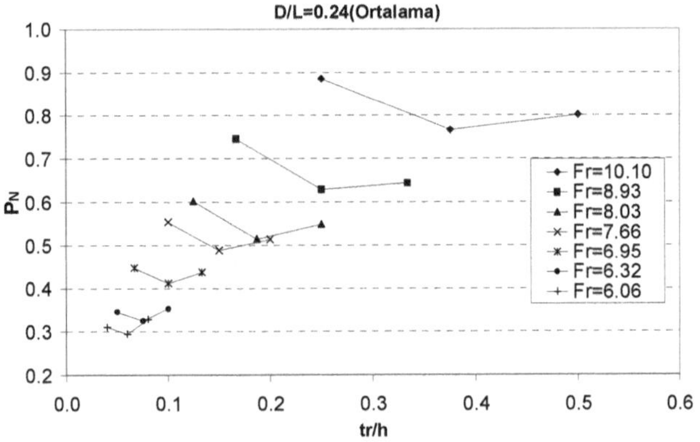

Şekil 7.38 Ortalama P_N basınç sayısının, t_r/h ile değişimi (D/L=0.24)

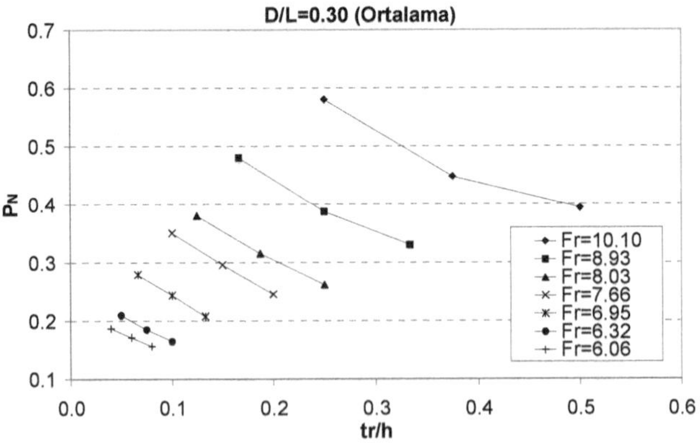

Şekil 7.39 Ortalama P_N basınç sayısının, t_r/h ile değişimi (D/L=0.30)

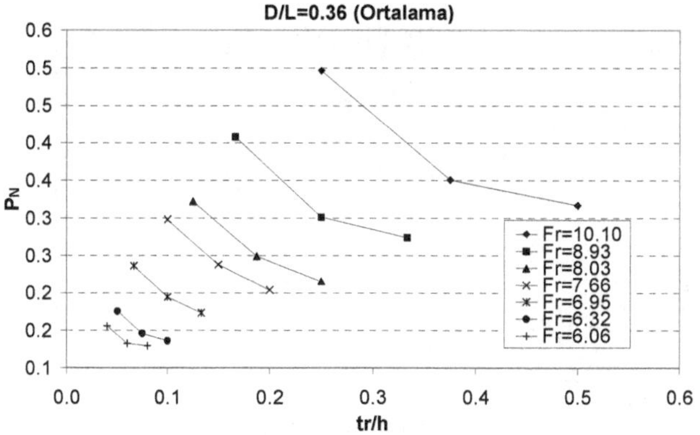

Şekil 7.40 Ortalama P_N basınç sayısının, t_r/h ile değişimi (D/L=0.36)

Şekil 7.41 incelendiğinde, basınç sayısının *Fr* ile doğrusal değiştiği, şut kanalı eğimiyle ise doğru orantılı fakat az miktarda değiştiği görülür. Bu grafikte, ortalama doğru denkleminin yatay ekseni (*Fr* eksenini) kestiği nokta basınç sayısının sıfır olduğu nokta alınarak bu noktadaki Froude sayısı *Fr*=3.6 elde edilir. Şut kanalı eğiminin Basınç sayısı üzerindeki etkisi az olduğundan ihmal edilebilir. Boyutsuz değişkenlere bağlı olarak basınç sayısı için çoklu regresyonla uydurulan en iyi eğri aşağıdaki (7.17) denklemiyle verilmiştir (*r*=0.97):

$$P_N = 0.0003(Fr-3.6)^{3.32}\left(\frac{D^2}{Lh}\right)^{-0.98}\left(\frac{t_r}{h}\right)^{-0.25} \tag{7.17}$$

Bu bölümdeki bağıntılar; $6.05 \le Fr \le 10.10$, $0.17 \le \tan\alpha \le 0.57$, $0.04 \le t_r / h \le 0.50$, $0.032 \le D^2 / Lh \le 0.539$, θ=7.59° için elde edilmiştir. Bu aralıkların dışında denklemlerin doğruluğu tartışmaya açıktır.

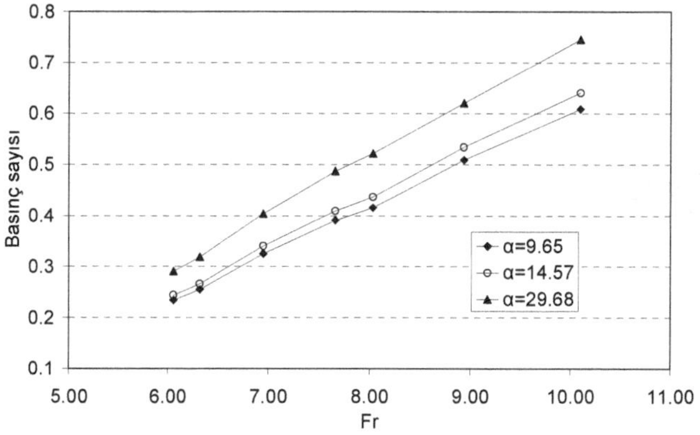

Şekil 7.41 P_N basınç sayısının, farklı şut eğimlerinde *Fr* ile değişimi

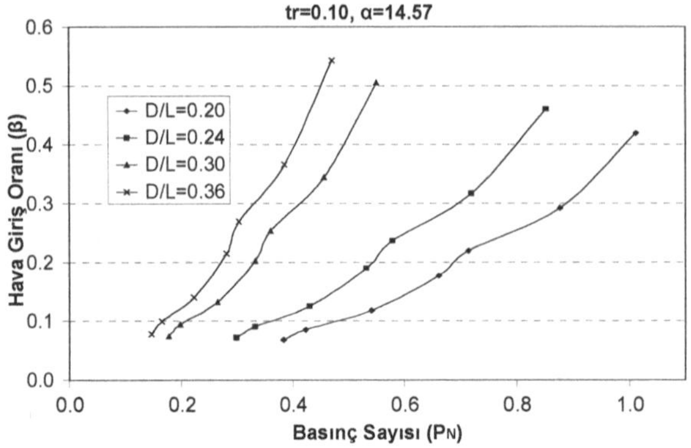

Şekil 7.42 Hava giriş oranının basınç sayısıyla değişimi (t_r=0.10 m α=14.57°)

Havalandırıcı tarafından sağlanan hava giriş oranının basınç sayısıyla değişimi, Şekil 7.42'de t_r=0.10 m ve α=14.57 için verilen tipik bir grafikle gösterilmiştir. Bu grafikte, basınç sayısıyla hava giriş oranının artışı görülmektedir.

7.4. CFD Analiz Sonuçlarından Örnek Görünüşler

Şekil 7.43'de *Fr*=10.10, *tr*=0.15 ve α=9.65 için iterasyona başladıktan sonraki ilk 0.5, 1.0, 1.5 ve 3.0s'deki akımın durumu yan profilden gösterilmiştir. Şekil 7.43(a)'da akımın rampadan sıçrayışı görülmektedir. Şekil (d)'de ise akımın kararlı hale gelmiş olduğu görülür.

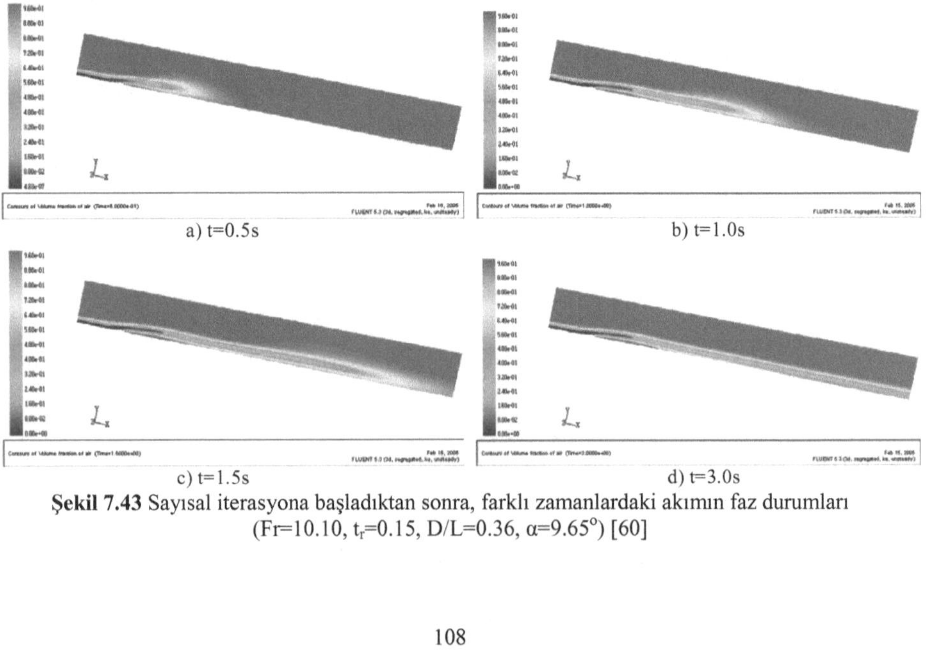

Şekil 7.43 Sayısal iterasyona başladıktan sonra, farklı zamanlardaki akımın faz durumları (Fr=10.10, t_r=0.15, D/L=0.36, α=9.65°) [60]

Şekil 7.44'de t_r=0.15, α=9.65 için farklı *Fr* sayılarındaki su jetinin boykesitteki görüntüleri verilmiştir. Bu şekillerde su jeti altındaki nap altı boşluk bölgeleri açık şekilde görülmektedir. Şekil 7.43, 7.44 ve 7.45'deki mavi renkli bölgeler su fazını, kırmızı renkli bölgeler ise hava fazını temsil etmektedir. İki renk asındaki geçiş bölgeleri ise hava-su karışım oranını gösterirken, kırmızıya doğru hava faz oranı, maviye doğru ise su fazı oranı artmaktadır.

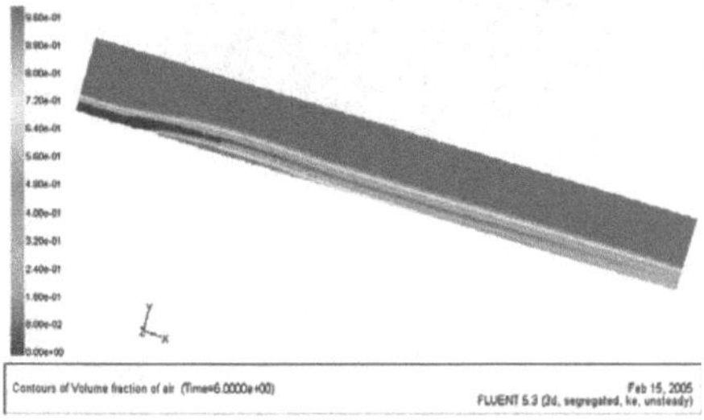

a)Fr=8.93, t=6s

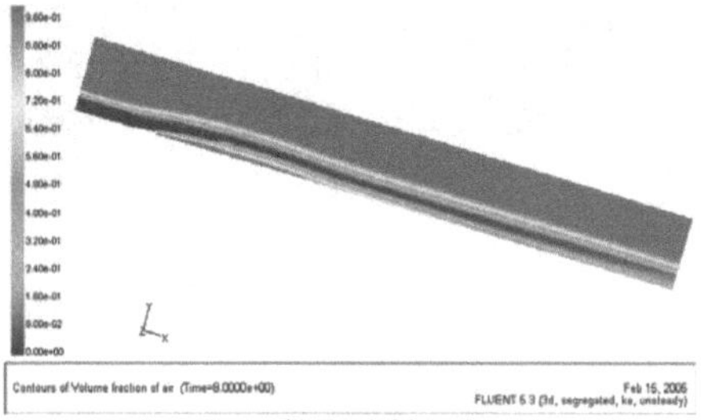

b) Fr=8.03, t=8s

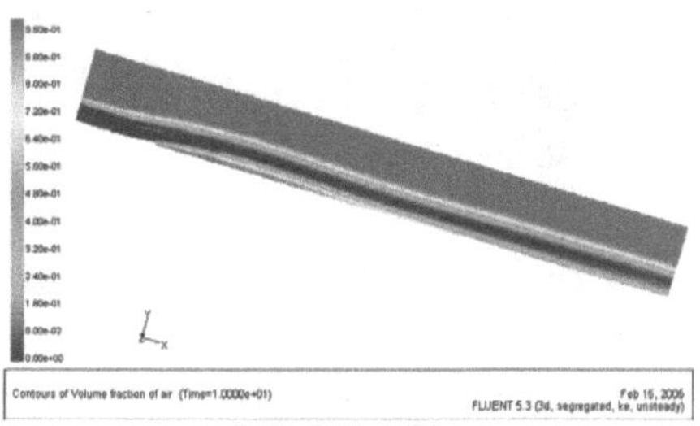

d) Fr=7.66, t=10s

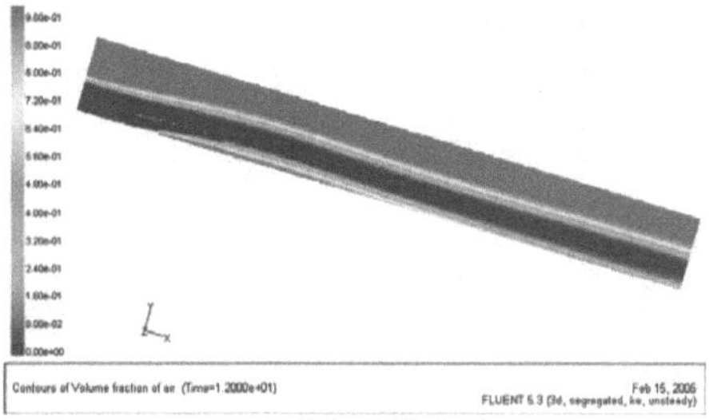

e) Fr=6.95, t=12s

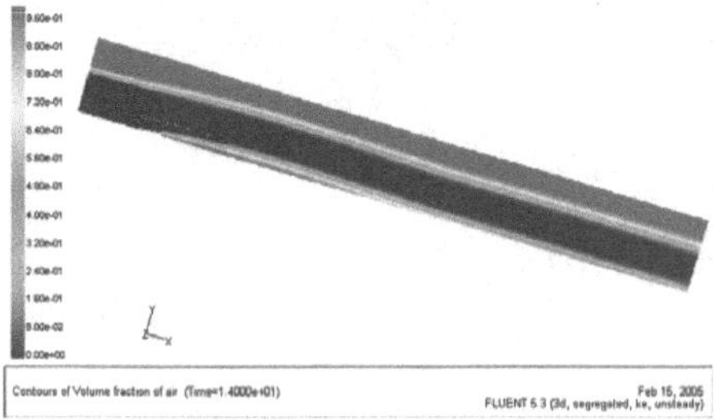

f)Fr=6.32, t=14s

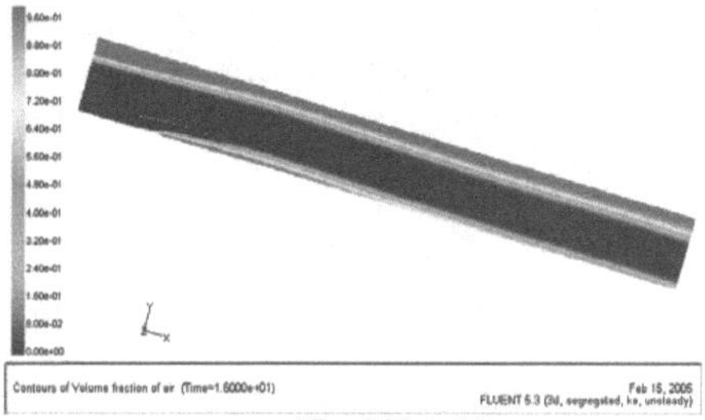

g)Fr=6.05, t=16s

Şekil 7.44 Farklı Fr sayıları için su jetinin boykesit görünüşü (t_r=0.15, α=9.65)

Şekil 7.45'te t_r=0.15, α=9.65 için farklı *Fr* sayılarında, dolusavak şut kanalı tabanındaki hava-su faz durumları gösterilmiştir. Su jeti saptırıcı tarafından tabandan sıçratıldıktan sonra, jetin şut tabanıyla tekrar birleştiği yer sarı renkli bölgelerin başladığı yerdir. Havalandırıcının mansabında tabana yakın hava karışım oranı da şekillerden yaklaşık olarak görülebilir. Havalandırıcının hemen mansabında tabandaki akımın hava karışımı hava bacaları hizasında daha fazladır. Akım havalandırıcı mansabında mesafe kat ettikçe hava ve su fazları iyice karışacak ve oldukça üniform bir dağılım sağlanmış olacaktır. Kısmi bir şut kanalı uzunluğu alındığından tabandaki tam üniform durum görülmemektedir. Şut kanalının görünen uzunluğundan daha uzun mesafelerinde bu durum net olarak kendini gösterecektir

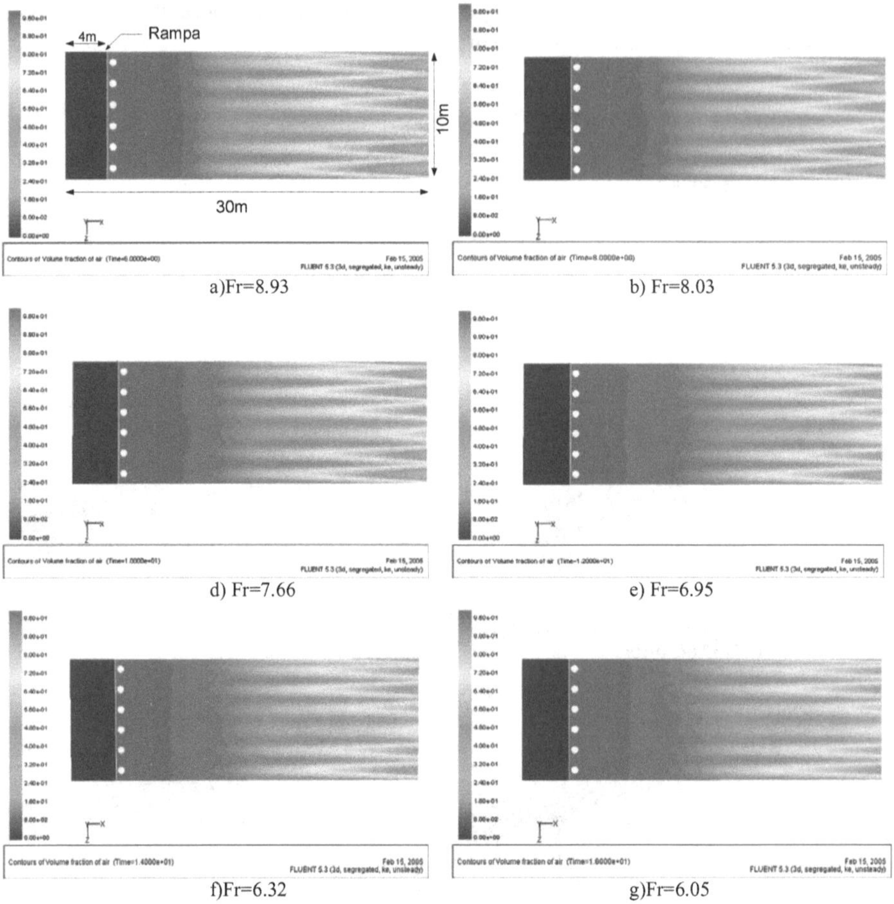

Şekil 7.45 Farklı Fr sayıları için şut tabanındaki faz oranları (t_r=0.15, α=9.65)

Şekil 7.46'de t_r=0.15, α=9.65 için farklı *Fr* sayılarında dolusavak şut kanalı tabanındaki statik basınçlar gösterilmiştir. Daha önce de belirtildiği gibi hava bacalarının mansabında oluşan maksimum basınç noktası su jetinin tabana çarptığı nokta olarak kabul edilir. Rampanın hemen membasında akım ani bir açı değişimiyle karşılaştığından basınçların aşırı olarak arttığı görülür. Saptırıcıdan sonra akımda oluşan nap altı boşlukta basınçlar iyice düşmektedir. Burası altbasınç bölgesi diye adlandırılır. Bu bölgedeki basıncın düşmesi, havalandırma bacalarından hava emilmesini sağlar. Daha sonra su jetinin kanal tabanına çarpmasıyla tabandaki statik basınçlar tekrar artar ve mansaba doğru basınçlar dengeye oturur.

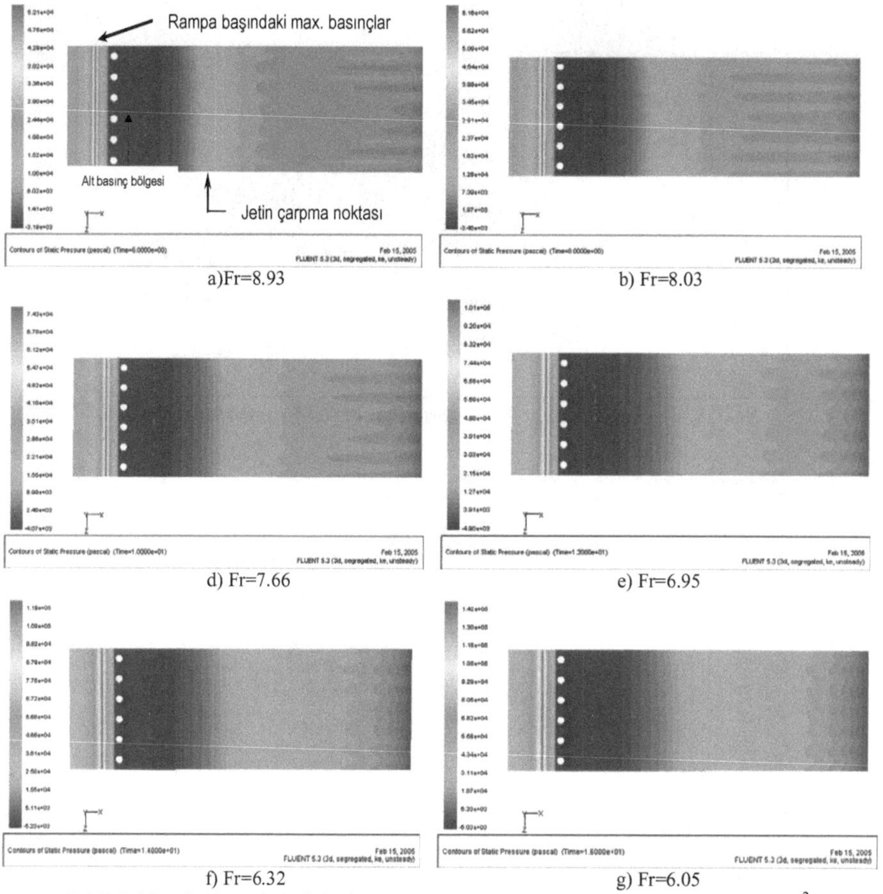

Şekil 7.46 t_r=0.15, α=9.65 için farklı Fr sayılarında şut tabanındaki basınçlar (N/m^2)

Şekil 7.47'de *Fr*=6.95, *tr*=0.15, α=9.65 için akımın serbest yüzeyleri görülmektedir. Hava karışımlı akımın serbest yüzeyi bu kadar net olmayacaktır. Buradaki serbest yüzeyler, yüzeye yakın belirlenmiş bir hava konsantrasyonunda tanımlanmış olan yüzeylerdir. Böylece su jetinin alt ve üst napı net bir şekilde görüntülenmiştir. Şekil 7.48'de ise *Fr*=6.06, *tr*=0.15, α=9.65, *D/L*=0.36 için, hava giriş bölgesindeki hız vektörleri gösterilmiştir. Havalandırma bacasından giren havanın giriş hızının büyüklüğü oldukça açık bir şekilde görülmektedir.

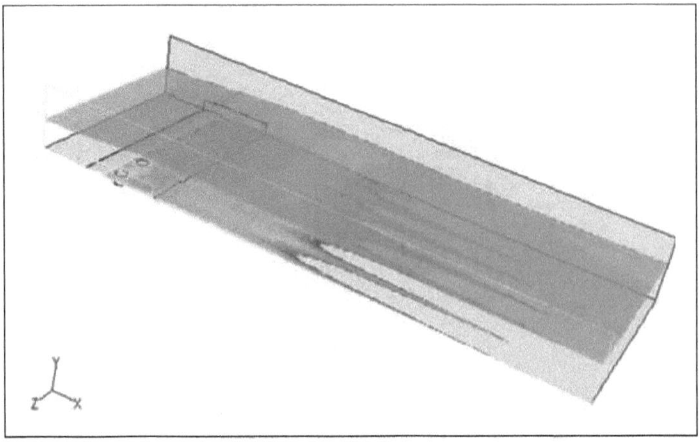

Şekil 7.47 Akımın serbest yüzey görünüşü (Fr=6.95, tr=0.15, α=9.65)

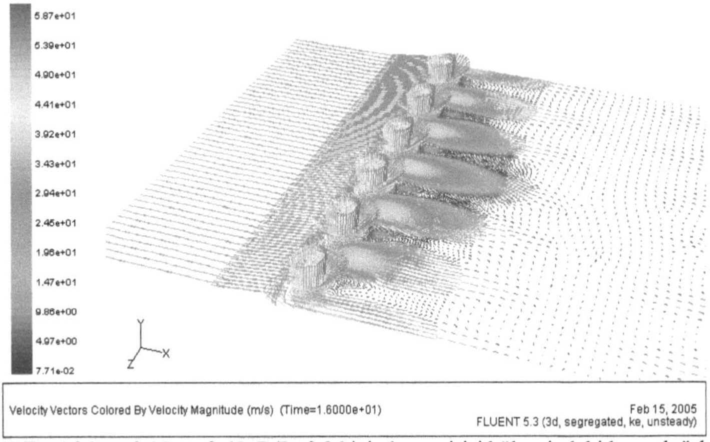

Şekil 7.48 Fr=6.06, tr=0.15, α=9.65, D/L=0.36 için hava girişi bölgesindeki hız vektörleri (m/s)

Şekil 7.49'da, Fr=6.06, tr=0.15, α=9.65, D/L=0.36 değerleri için dolusavak şut kanalı tabanındaki türbülans yoğunluğu ve dinamik basınçlar gösterilmiştir. Şekil 7.49(a)'da özellikle hava giriş ağızlarına yakın türbülans yoğunluğu yüksek olması dikkati çeker. Buradaki türbülans, akıma havanın karışmasında ve havalandırma kapasitesinin artmasında büyük rol oynar. Akım dengeye oturdukça türbülans yoğunluğu da azalmaktadır. Şekil (b)'de ise tabandaki dinamik basınçlar gösterilmiştir. Suyun tabana yapışık aktığı yerlerde dinamik basınçlar yüksektir.

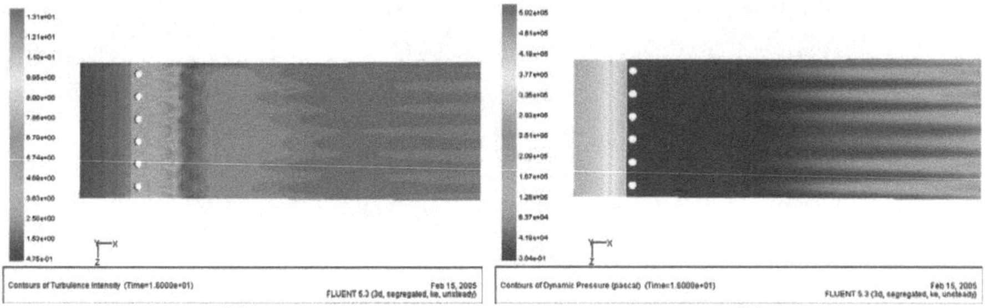

(a) (b)

Şekil 7.49 Fr=6.06, tr=0.15, α=9.65, D/L=0.36 için şut kanalı tabanında a) Türbülans yoğunluğu, **b)** Dinamik basınçlar (N/m^2)

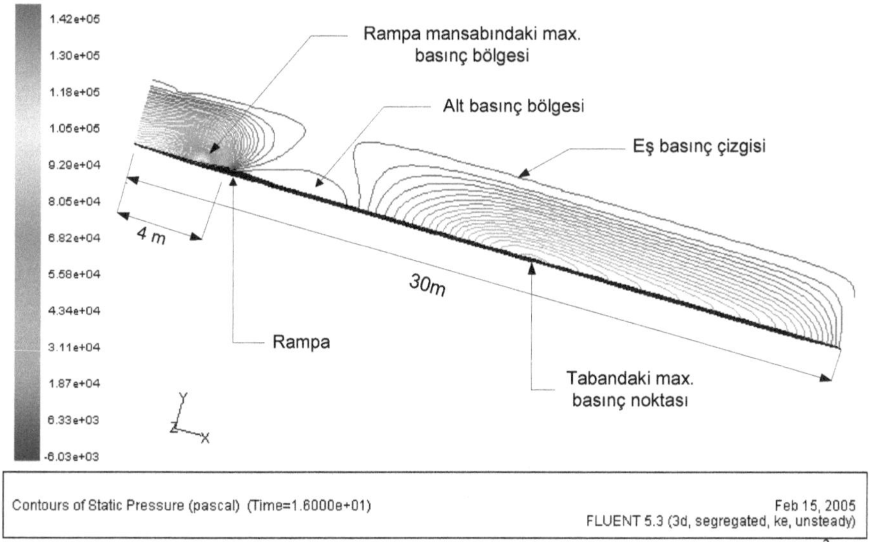

Şekil 7.50 Fr=6.06, tr=0.15, α=9.65, D/L=0.36 için boykesitteki eş basınç çizgileri (N/m^2)

Şekil 7.50'de şut kanalı boykesitindeki basınç profili gösterilmiştir. Özellikle boşluk altbasınç bölgesindeki basınçlardaki düşme açıkça görülmektedir. Rampanın hemen başındaki ve su jetinin çarpma noktasındaki yüksek basınç bölgeleri de açık bir şekilde görünmektedir.

8. Sonuç

Bölüm 2 ve 3'te literatür ışığında, kavitasyon önleyici dolusavak havalandırıcıları için detaylı bir çalışma sunulmuştur. Bölüm 4 ve 5'te Dolusavak havalandırıcıları gibi hidrolik uygulamalarda CFD modellerinin etkinliği tartışılmıştır. Bölüm 6'da, özellikle geniş dolusavak şut kanlarlında, daha iyi ve daha üniform bir hava karışımı sağlayabilen yeni bir havalandırıcı tipi belirlenmiştir. Bölüm 7'de *Alttan Alışlı Havalandırıcı* diye adlandıran yeni havalandırıcı tipinin tasarım kriterleri belirlenmiştir. Bu kitapta elde edilen sonuçlar aşağıda maddeler halinde özetlenmiştir:

1. Yüksek hızlı akımlara maruz dolusavak şut kanallarındaki kavitasyon hasarını önlemek için havalandırıcılar kullanmak en etkili yöntemdir. Bunun dışında, dirençli yüzey malzemeleri kullanmak, yüzeyi yapay olarak pürüzlendirmek gibi yöntemler olsa da havalandırıcı kullanımı en yaygın olanıdır. Şut boyunca akıma karıştırılacak yeterli miktardaki hava konsantrasyonu, kavitasyon olayını dolayısıyla beton yüzeyin aşınıp dolusavağın kullanılmaz hale gelmesini önleyecektir. Bu nedenle dolusavak tasarımında havalandırıcılara özel ilgi gösterilmeli ve tasarım kriterleri iyi bilinmelidir.
2. Havalandırıcılar gibi hidrolik problemlerinde sayısal yöntemlerin (CFD) etkinliğini test etmek için, başka araştırmacılar tarafından yapılan model deneyi, prototip ve sayısal yöntem sonuçları karşılaştırılmıştır. Bu gibi hidrolik uygulamalarda sayısal yöntemlerin (CFD modelleri), deneysel yöntemlerle birlikte oldukça tatmin edici olduğu görülmüştür.
3. *Fluent* gibi bir CFD (Hesaplamalı Akışkanlar Dinamiği) modellemesiyle birebir ölçeklerle çalışılabilindiğinden ölçek etkileri beklenmeyecektir. CFD modellerindeki bazı kabullerden dolayı muhtemel hata paylarının, prototip datalarıyla karşılaştırıldığında, küçük ölçekli deneysel çalışmalardaki ölçek etkisi ve ölçüm gibi diğer hataların yanında çok daha az olduğu görülmüştür. Ayrıca ekonomiklik, zaman, esneklik ve kolaylık açısından, CFD modellerinin uygulanması fiziksel model deneylerine göre daha avantajlıdır.
4. CFD modellerinin de bazı dezavantajları vardır: Genel amaçlı bir CFD yazılımı ancak, akışkanlar mekaniği ve sayısal yöntemler hakkında ileri düzey bilgiye sahip, tecrübeli ve kapsamlı bir ekibin uzun süreli çalışmasıyla hazırlanabilir. Kısmi problemleri çözmek için kişisel hazırlanmış sayısal analiz yöntemleri çok fazla esneklik sağlayamamakta ve sadece ilgili problemle sınırlı kalmaktadır. Üç boyutlu ve hassas CFD modellerinin çözümü için çok fazla bellek gereksinimi, işlemci gücü ve zamana ihtiyaç duyulur. Bazen fiziksel olmayan sonuçlar almak mümkündür. Bu tür programları doğru bir şekilde kullanmak belirli bir birikim ve deneyim gerektirir. Çözümün ağ yapısı, seçilen türbülans modelin etkisi gibi sonuçların üzerine doğrudan etki edebilen hususlar irdelenmeli ve sayısal modelin doğrulaması yapılmalı, Mümkünse eldeki deney ve prototip sonuçlarıyla kalibre edilmelidir. Ayrıca çözümlerde iteraktif yakınsamaya dikkat edilmelidir.
5. Çok fazlı ve serbest yüzeyli akımlar oldukça kompleks bir konudur. Fluent CFD yazılımı içindeki ASM veya VOF modelleri, dolusavak havalandırıcılarındaki gibi

çok fazlı ve serbest yüzeyli akımların modellenmesinde oldukça etkilidir. Ancak bazı durumlarda fiziksel sonuçlar veremeyeceği unutulmamalıdır.

6. Klasik bir havalandırıcıda, düşük *Fr* sayısı, şut kanalı genişliğinin fazla olması, yetersiz hava girişi gibi durumlarda nap altı basınçlar çok fazla düşerek havalandırıcıyı batık hale getirebilir. Havalandırıcı tam olarak batık hale gelmese bile şut genişliğince üniform bir hava karışımı sağlamayabilir. Bu durumu önlemek ve havalandırma performansını arttırabilmek için "***Alttan Alışlı Havalandırıcılar***"ın kullanılması önerilmektedir.
7. Alttan alışlı havalandırıcılar, klasik havalandırıcılardaki hava girişi için belirlenen minimum *Fr* sayısının altındaki *Fr* sayıları için bile yeterli hava girişi sağlayabilmektedir ($Fr<4.5\sim5.5$).
8. Alttan alışlı havalandırıcılar, özellikle geniş açıklıklı dolusavak şut kanallarında kanal genişliği boyunca daha üniform bir hava karışımı sağlar.
9. Alttan alışlı havalandırıcılar tasarlanırken, havalandırma bacaları ve galerisi dışında, küçük eğimli bir saptırıcı kullanmak yeterli olacaktır. Ayrıca, eşik ve hava oluğu gibi elemanlara gerek yoktur.
10. Alttan alışlı havalandırıcıların tasarım ve uygulama alanında, tasarımcılara yardımcı olacak bazı faydalı bağıntılar, yüksek korelasyonla elde edilmiştir.
11. Alttan alışlı havalandırıcının havalandırma performansını belirlemek için literatürde belirtildiği gibi direkt ve endirekt yaklaşım olmak üzere iki yaklaşım sunulmuştur. Direkt yaklaşımda, akım ve havalandırıcı geometrisiyle ilgili tüm boyutsuz parametrelerin hava girişi üzerine doğrudan etkisi dikkate alınmıştır. Endirekt yaklaşımda ise, hava giriş oranı boyutsuz jet uzunluğuna bağlı olarak elde edilmiştir. Her iki yaklaşımdan da elde edilen bağıntılar havalandırıcı performansını belirlemede kullanılabilir. Ayrıca akım jeti altında oluşan atmosfer altı basınçlar incelenmiş ve bunun hava giriş olayı üzerine etkisi değerlendirilmiştir.
12. Direkt yaklaşımla havalandırıcı performansını belirlemek için, Denklem (7.4) veya (7.7) bağıntıları verilmiştir. Endirekt yaklaşımla ise, (7.15) veya (7.16) denklemleri havalandırıcı performansını belirlemek için kullanılabilir. Alttan alışlı havalandırıcıların havalandırma ihtiyacını ve havalandırıcı boyutları bu bağıntılarla belirlenebilir. Diğer bir değişle uygulamacıların kolaylıkla kullanabileceği pratik yaklaşımlar sunmaktadır.
13. Denklem (7.7) ve (7.15)'te $Fr<4.5$ için hava girişinin olmayacağı kabul edilmesine rağmen alttan alışlı havalandırıcılar daha düşük *Fr* sayılarında bile yeterli ve üniform hava girişi sağlayabilir. Bu nedenle daha düşük *Fr* sayıları için Denklem (7.16) verilmiştir.
14. Endirekt yaklaşımdaki rölatif jet uzunluğunu belirlemek için (7.11) denklemi kullanılabilir. Ancak bu denklemin boyut homojenliğinin bozulduğuna dikkat etmek gerekir. Denklemdeki t_r parametresinin birimi *metre* alınmalıdır.
15. Birçok araştırmacı tarafından kabul edilen ve hava giriş oranının jet uzunluğuna göre doğrusal değişimini öngören (7.12) denklemindeki katsayı alttan alışlı havalandırıcı için K=0.036 olarak elde edilmiştir. Bu değer diğer araştırmacıların klasik havalandırıcılar için önerdiği değerlere yakın fakat daha büyüktür. Bu da

alttan alışlı havalandırıcılarının havalandırma kapasitesinin diğer havalandırıcılara göre daha iyi olduğunu anlamına gelir.

16. Alttan alışlı havalandırıcılarda, hava giriş hızları için maksimum değer $U_{a(max)}$=120m/s alınmalıdır. Hava giriş hızı bu değerin üzerine çıkamayacağı kabul edilir. Ancak mümkünse, verilen bu limit değerin daha da altında maksimum hava giriş hızına göre tasarım yapılması önerilir($U_{a(max)}$<100 gibi). Tasarım sırasında hava giriş hızı, elde edilen (7.8) denklemiyle hesaplanarak, maksimum değeri aşıp aşmadığı kontrol edilebilir.
17. Bölüm 7'deki bağıntılar; $6.05 \le Fr \le 10.10$, $0.17 \le \tan\alpha \le 0.57$, $0.04 \le t_r / h \le 0.50$, $0.032 \le D^2 / Lh \le 0.539$, θ=7.59° değerleri için elde edilmiştir.
18. Dolusavak yüzeyini kavitasyondan korumak için gerekli minimum hava konsantrasyonu, önceki araştırmacıların ortaya koyduğu değerlerin ortalaması olarak %6 alınabilir. Bu değer β=0.064 değerine karşılık gelmektedir ($\beta=C/(1-C)$). Bu kitapta alttan alışlı havalandırıcılar için verien en küçük değer β=0.067'dir. Dolayısıyla, verilen limitler dahilinde kavitasyon hasarından korunmak için gerekli hava konsantrasyonu bu havalandırıcı tarafından her durumda sağlanabilmiştir.

Bilgilendirme

Bu kitap yazarın 2005 tarihli "*Alttan Alışlı Dolusavak Havalandırıcıların CFD Analizi*" başlıklı Doktora Tezinden üretilmiştir. Bu vesileyle F.Ü. Fen Bilimleri Enstitüsüne ve değerli tez danışmanım Prof. Dr. Mualla ÖZTÜRK'e teşekkür ederim.

Kaynaklar

1. Kells, J. A. and Smith, C. D., 1991, Reduction of cavitation on spillways by induced air entrainment, Canadian Journal of Civil Engineering, 18, No.3, 358-377.
2. Pinto, N. L. De S., 1988, Cavitation and aeration, *in Advanced Dam Engineering for Design, Construction, and Rehabilitation.* Edited by R.B. Jansen, Kluver Academic Publishers, 620-634.
3. Abbsoğlu, C., and Okay, G., 1992, The remedial structures on the spillway of Keban dam, Water Power and Dam Construction, Dec., p22-27.
4. Chanson, H., 1989, Study of air entrainment and aeration devices, Journal of Hydraulic Research, 27, No.3, 301-319.
5. Russell, S. O., and Sheenan, G. J., 1974, Effect of entrained air on cavitation damage, Canadian Journal of Civil engineering, Vol.1, 97-107.
6. Pinto, N. L. De S., Neidert, S. H. and Ota, J. J., 1982, Aeration at high velocity flows. Water Power and Dam Construction, 34, No. 2, 34-38, 34, No.3, 42-44.
7. Wood, I.R., Ackers, P. and Loveless, J., 1983, General method for critical point on spillways, Journal of Hydraulic Engineering, ASCE, 109, No.2, 308-312.
8. Pinto, N. L. De S. and Neidert, S. H., 1983, Evaluating entrained air flow through aerators, Water Power and Dam Construction, 35, No. 8, 40-42.
9. Volkart, P. and Rutschmann, P., 1984, Rapid flow in spillways chutes with and without deflectors a model- prototype comparison, Symposium on Scale Effects in Modeling Hydraulic Research, Esslingen, Germany, September 3-6, 4.5-1 to 4.5-8
10. Falvey, H. and Ervine, D. A., 1988, Aeration in jets and high velocity flows. Proceedings of the International Symposium on Model-Prototype Correlation of Hydraulic Structures, American Society of Civil Engineers/International Association for Hydraulic Research, Colorado Springs, CO, August 9-11, 25-55
11. Tan, T. P., 1984, Model studies of aerators on spillways. Research Report 84-6, University of Canterbury, Christchurch, New Zealand.
12. Low, H. S. 1986, Model studies of Clyde Dam spillways aerators, Research report 85-6, Dept. of Civ. Eng., Univ. of Canterbury, Christchurch, New Zealand.
13. Wood, I. R., 1988, Aerators-the interaction of nappe and duct air entrainment, Int. Symp. On Hydr. For High Dams, IAHR, 611-618.
14. Chanson, H., 1988, A model study of aerator performance, Thesis presented to The University of Canterbury, at Christchurch, New Zealand, in partial fulfillment of the requirements for the degree of Doctor of Philosophy.
15. Chanson, H., 1989, Flow downstream of aerator-aerator spacing, Journal of Hydraulic Research, 27, No.4, 519-536.
16. Rutschmann, P. and Hager, W.H., 1990, Air entrainment by spillway aerators, Journal of Hydraulic Engineering, ASCE, 116, No.6, 765-782.
17. Pinto, N. L. De S., 1991, Prototype aerator measurements, *in Air Entrainment in Free Surface Flows,* Edited by I. R. Wood, A. A. Balkema Publications, Rotterdam, 115-130.

18. Volkart, P. and Rutschmann, P., 1991, Aerators on spillways, *in Air Entrainment in Free Surface Flows,* Edited by I. R. Wood, A. A. Balkema Publications, Rotterdam, 85-114.
19. Wood, I. R. 1991, Free surface air entrainment on spillways, *in Air Entrainment in Free Surface Flows,* Edited by I. R. Wood, A. A. Balkema Publications, Rotterdam, 55-84
20. Lee, W. and Hoopes, J. A., 1996, Prediction of cavitation damage for spillways., Journal of Hydraulic Engineering, ASCE, 122, No.9, 481-488.
21. Nie, M.-X., 2001, Cavitation prevention with roughened surface, Journal of Hydraulic Engineering, 127, No.10, 878-880.
22. Kökpınar, M. A. and Göğüş, M., 2002, High-speed jet flows over spillway aerators, Canadian Journal of Civil Engineering, Dec.29, No.6, 885-898.
23. Aydın, M.C., ve Aydın, S., 2004, Dolusavak şut kanalları üzerindeki havalandırıcı performanslarının CFD modelleri ile değerlendirilmesi, I. Ulusal Barajlar ve Hidroelektrik Santraller Sempozyumu, DSİ Genel Müdürlüğü, Barajlar ve HES Dairesi Başkanlığı, Ankara, 655-664.
24. Chanson, H., 1990, Study of air demand on spillway aerator, Journal of Fluid Engineering, 112, No.3, 343-350.
25. Marcano, A. and Castillejo, N., 1984, Model-prototype comparison of aeration devices of Guri Dam spillway. Symposium on Scale Effects in Modeling Hydraulic Structures, International Association for Hydraulic Research, Esslingen, Germany, September 3-6, 4.6-1 to 4.6-5.
26. Rutschmann, P., Volkart, P. and Wood, I. R., 1986, Air entrainment at spillway aerators., Proceedings of the 9th Australasian Fluid Mechanics Conference, Auckland, New Zealand, December 8-12, 350-353.
27. Chanson, H., 1994, Aeration and deaeration at bottom aeration devices on spillways, Canadian Journal of Civil Engineering, 21, No.3, 404-409.
28. Novak, P., Moffat, A. I. B., Nalluri, C. and Narayanan, R., 1990, Dam Outlet Works, *in Hydraulic Structures*, UK. 153-176.
29. Cassidy, J. and Elder, R., 1984, Spillways of high dams, *in Developments in Hydraulic Engineering 2*, Edited by P. Novak, Applied Science Publishers Ltd. Essex, UK, 153-173.
30. Chadwick, A.J. and Morfett, J. C., 1986, Spillways, *in Hydraulic in Civil Engineering,* London UK, 390-403.
31. Vischer, D., 1988, Recent developments in spillway design, Water Power and Dam Construction, 40, No.1, 8-9.
32. Oskolkov, A. G., and Semenkov, V. M., 1979, Experience in designing and maintance of spillway structures on large rivers in th USSR, Thirteenth International Congress on Large Dams, New Delhi, India, Q.50, R.46, 789-802.
33. Falvey, H. T. 1983, Prevention of cavitation on chutes and spillways. Proceedings of the Conference on Frontiers in Hydraulic Engineering, American Society of Civil Engineers, Cambridge, MA, August 9-12, pp 432-437.
34. Bruschin, J., 1987, Forced aeration of high velocity flows, Journal of Hydraulic Research 25, No.1, 5-14.

35.Pinto, N. L. De S., 1986, Basic hydraulics of shooting flows over aerators. Proceedings of the Specialty Conference on Advancements in Aerodynamics, Fluid Mechanics and Hydraulics, American Society of Civil Engineers, Minneapolis, MN, June 3-6, 1007-1017.
36.Chanson, H., 1991, Aeration of a free jet above a spillway, Journal of Hydraulic Research, 29, No.5, 665-667.
37.Rutschmann, P. and Volkart, P., 1988, Spillway chute aeration, Water Power and Dam Construction 40, No.1, 10-15.
38.Volkart, P. and Chervet, A., 1983, Air slots for flow aeration- determination of shape, size and spacing of air slots for the San Roque Dam Spillway, Mitteilungen der Versuchsanstalt für Wasserbau, Hydrologia und Glaziologie, No. 66, Zürich, Switzerland.
39.Rutschmann, P., 1988, Calculation and optimum shape of spillway chute aerators., Proceedings of The International Symposium on Model-Prototype Correlation of Hydraulic Structures, American Society of Civil Engineers /International Association For Hydraulic Research, Colorado Sprigs, Co, August 9-11, 118-128.
40.Pinto, N. L. De S., Neidert, S. H. and Ota, J. J., 1992, Air entrainment by spillway aerator(Discussion), Journal of Hydraulic Engineering ASCE 118, No.1, 114-116.
41.Rutschmann, P. and Hager, W.H., 1990, Design and performance of spillway chute aerators, International Water Power and Dam Construction, 42, No.1, 36-42.
42.Demiröz, E., 1985, Yüksek hızlı akımlar için dolusavak havalandırıcılarının proje kriterleri., Mühendislik Araştırma Grubu, Proje 606. TÜBİTAK, ANKARA.
43.Kobus, H. and Koschitzky, H. P., 1991, Local surface aeration at hydraulic structures *in Air Entrainment in Free Surface Flows,* Edited by I. R. Wood, A. A. Balkema Publications, Rotterdam, 29-54.
44.Vischer, D., Volkart, P. and Sigenthaler, A., 1982, Hydraulic modeling of air slots in open chute spillways. *in Papers Presented at the International Conference on the Hydraulic Modeling of Civil Engineering Structures,* Coverntry, U.K., 22-24 sept. 1982, Edited by H.S. Stephens and C.A. Stapleton. BHRA, Fluid Engineering Crafield, U.K. 239-252.
45.Soulis, J. V., 1991, A numerical method for subcritical and supercritical open channel flow calculation, International Journal For Numerical Methods in Fluids, 13, No.4, 437-464.
46.Güler, I., Behr, M. And Tezduyar, T., 1999, Parallel finite element computation of free-surface flows, Computational Mechanics, 23, No.2, 117-123.
47.Daneshmand, F., Sharan, S. K., and Kadivar, M. H., 2000, Finite-element analysis of double-free-surface flows through slit in dam., Journal of Engineering Mechanics, 126, No.5, 515-522.
48.Henderson, H. C., Kok, M., and De Koning, W. L., 1991, Computer-aided spillway design using the boundary element method and non-linear programming, International Journal For Numerical Methods in Fluids, 13, No.5, 625-641.
49.Zarrati, A. R., 1994, Mathematical Modeling of air-water mixtures in open channels, Journal of Hydraulic Research, 32, No.5, 707-720.

50. FLUENT Inc. 2005. Fluent version 6.2 ve 5.3 User's Guide. FLUENT Inc., Lebanon, N.H.
51. Aydın, M. C., Aydın, S., 2014. Büyük Karaçay Barajı dolusavağının CFD analizi ile değerlendirilmesi, 4. Ulusal Baraj Güvenliği Sempozyumu, Elazığ, 09-11 Ekim 2014, s:651-664
52. Brackbill, J. U., Kothe, D. B., and Zemach, C., 1992, A continuum method for modeling surface tension, J. Comput. Phys., 100, 335-354.
53. Pinto, N. L. de S. and Neidert, S. H., 1982, Model prototype conformity in spillway flow. International Conference on Hydraulic Modelling of Civil Engineering Structures, Coventry, England, September 22-24, 273-284.
54. Pinto, N. L. de S., 1984, Model evaluation of aerators in shooting flow, Symposium on Scale Effects in Modelling Hydraulic Structures, H. Kobus, ed., International Association of Hydraulic Researchers, 4.2-1 – 4.2-6.
55. Pan, S. and Shao, Y., 1984, Scale Effects in modeling air demand by a ramp slot. Symposium On Scale Effects in Modelling Hydraulic Structures, International Association for Hydraulic Research, Esslingen Germany, September, 3-6, 4.7-1 – 4.7-5.
56. Demiröz, E., 1982, Ilısu Barajı dolusavak boşaltım kanalı havalandırması model çalışma raporu, DSİ Genel Müdürlüğü, Araştırma ve Geliştirme Daire Başkanlığı, Yayın no: Hİ-719, Model no: M-194, Ankara, 39s.
57. Demiröz, E., 1986, Dolusavak boşaltım kanalı havalandırması için yapıya ilave edilecek havalandırıcılara ait proje kriterlerinin belirlenmesi. DSİ, Teknik araştırma ve Kalite Kontrol Dairesi Başkanlığı, Yayın No: Hİ-754, Model No: M-212. Ankara, 220s.
58. Volkart, P. and Rutshmann, P., 1984, Rapid flow in spillway chutes with and without deflectors – A model-prototype comparison. *Symp. on Scale Effects*, H. Kobus, ed., IAHR, (4.1), 1-7.
59. Aydin M.C. and Öztürk M., 2009, Verification and validation of a computational fluid dynamics (CFD) model for air entrainment at spillway aerators, Can. J. Civ. Eng. 36: 826-836.
60. Öztürk M., Aydin M.C. and Aydin S., 2008, Damage limitation-a new spillway aerator. International Water Power and Dam Construction.
61. Öztürk, M., Aydın, M.C., 2005. "Geniş Dolusavak Şut Kanallarında Havalandırma" II. Ulusal Su Mühendisliği Sempozyumu Bildiri kitapçığı, 363-374 pp., İzmir, Türkiye, Eylül 2005.
62. Rutschmann, P. and Hager, W.H., 1992, Air entrainment by spillway aerators(Closure), Journal of Hydraulic Engineering, ASCE, 118, No.1, 116-119
63. Sarkar, S., and Balakrishnan, L., 1990, Application of a Reynolds-Stress Turbulence Model to the Compressible Shear Layer, ICASE Report 90-18, NASA CR 182002.
64. Cebeci, T. and Bradshaw, P., 1977, Momentum transfer in boundary layers, Hemisphere Publishing Corporation, New York.

FSC
www.fsc.org
MIX
Papier | Fördert
gute Waldnutzung
FSC® C083411

Kolibri 360 GmbH
Ferdinand-Jühlke-Straße 7
99095 Erfurt, Deutschland
produktsicherheit@kolibri360.de

Druck:
CPI Druckdienstleistungen GmbH
im Auftrag der
Kolibri 360 GmbH
Ferdinand-Jühlke-Str. 7
99095 Erfurt